KB235099

미국과 캐나다

자연·산업과 도시들

미국과 캐나다

자연 · 산업과 도시들

황유정 지음

이담 Books

:: 책머리에

　우리가 어떤 지역에서 볼 수 있는 경관은 그 형성과정의 복잡한 배경이 있다. 넓은 대륙의 중심부에는 끝없는 평원이 있고, 대양을 접한 해안지역에 많은 도시가 발달한 북아메리카에는 인구 약 3억 5천만 명이 거주하며 세계에서도 유례없이 짧은 시간에 변화한 지역이다. 미국과 캐나다는 현재의 모습을 보이기까지 특정한 자연환경 조건하에서 주민들이 이동·정착하면서 개척하고, 도시를 건설하고, 산업을 발전시켰다. 주민들의 구성도 그들의 문화적 특성도 다양하다.

　무역풍을 따라 카나리제도에 도착한 콜럼버스 일행은 스페인에서 서쪽으로 계속 항해한 후 인도에 도착했다고 믿었다. 그러나 이는 신대륙이었다. 그들은 인종적으로, 문화적으로 다른 원주민들을 만났고, 그 일행들은 이용할 자원을 찾아 유럽으로 수송했다. 그 이후 식민지와 독립, 내전, 또 다른 전쟁을 거치면서 두 개의 연방국가로 발전했다. 20세기까지 산업, 무역, 인적 교류가 유럽을 지향했지만 최근에는 아시아 지역과의 비중이 커지는 변화도 있다.

　21세기의 북아메리카는 세계의 다른 지역과 구별되는 특성을 가지는 지역으로 변화되었다. 인구 중 대부분의 주민이 도시에 거주하고, 세계에서 제조업 생산량이 가장 많으며, 소득이 높아 소비수준이 높다. 풍부한 농산물과 에너지 자원을 가지며 다양한 문화가 공존한다. 미국과 캐나다인들은 세계 총에너지의 30%를 소비하고 있으며, 사용하는 총에너지의 양은 계속적으로 증가하고 있다. 자연환경과 인간생활이 공간적으로 펼쳐짐에 북아메리카 지역은 다른 지역과 어떻게 다른 역사를 가지며 특징이 있는가에 착안했다. 많은 미국과 캐나다 관련 자료들을 참조하고 새로운 자료를 넣으려고 노력했다.

이 책은 미국과 캐나다 지역을 보다 쉽게 이해하도록 노력하였으며 지리 전공자와 일반인을 위해 쓰이기를 바란다. 이 책에서 자연환경, 대도시, 제조업 등의 장은 미국과 캐나다 전 지역을 설명한다. 기타 캐나다 중심지역, 가주, 하와이, 동북부, 북서부, 남부 등의 장은 상세한 지역을 다룬다. 아메리칸 인디언, 유럽인에 의한 개발, 환정훼손과 보전 등에 관한 내용은 다음 기회에 깊이 다룰 수 있기를 바란다.

2010년 6월

황유정

:: 목 차

서 론

오랜 시간 무역풍을 따라 카나리제도에 도착한 콜럼버스는 스페인에서 서쪽으로 계속 항해한 후 금과 많은 향료가 있는 인도에 도착했다고 믿었다. 그러나 이는 유럽에 알려지지 않은 신대륙이었다.

15세기 유럽인들이 아메리카에 도착해서 본 대륙은 현재의 미국과 캐나다의 경관과 아주 달랐을 것이다. 그들은 인종적으로, 문화적으로 다른 원주민들을 만났고, 유럽을 떠나면서 찾으려 한 금·은과 향료를 찾는 데 관심이 있었다. 계속해서 유럽인들은 정착하거나 잠시 머무르면서 필요한 자원을 얻어서 유럽으로 수송했다.

21세기의 북아메리카는 세계의 다른 지역과 구별되는 특성을 가지는 지역으로 변화되었다. 미국과 캐나다의 국가로 분리되는 북아메리카는 다음의 특성들로 설명될 수 있다.

미국의 3억 9백만(2010년)과 캐나다의 3천 4백만(2010년)의 인구 중 대부분의 주민이 도시에 거주하고, 세계에서 제조업 생산량이 가장 많으며, 높은 소득에 의해 소비수준이 높다. 풍부한 농산물 자원과 에너지 자원을 가지며 다양한 문화가 공존하고 정치적 조직은 매우 복잡하다.

도시화 Urbanization

미국과 캐나다 사람들은 전원적인 생활이 좋고 도시환경은 건강하지 못하다고 생각한다. 이러한 태도는 수많은 도시인들에게 만연되어 있으며 전원성이 국가적 활력이며 북아메리카가 유럽과 다른 특징이라고 주장한다.

더 이상 미국, 캐나다 어디도 전원적인 국가는 아니다. 광범위한 지역이 농촌이지만 대부분의 사람들은 농촌에 거주하지 않는다. 캐나다와 미국 인구의 75% 이상이 도시지역에 살며 그 숫자는 더욱 증가하고 있다. 전원지역에서 직업을 가지고 전원적 생활을 하는 것이 이상적이지만 점차 수가 적어지고 있다. 미국의 농촌인구는 1790년에 첫 인구조사 시 90%를 차지한 이후 계속적으로 감소하고 있어 1997년에는 500만으로 총인구의 2.7%이다. 오늘날 미국인구의 40%가 인구 100만 이상의 대도시 MSA (Metropolitan Statistical Area)에 산다. 캐나다도 유사한 경향이다. 캐나다 인구의 1/3이 토론토(Toronto), 몬트리올(Montreal), 밴쿠버(Vancouver)의 대도시 지역에 거주한다. 캐나다의 도시화는 오타와, 헐, 에드먼턴, 캘거리, 퀘벡, 위니펙과 해밀턴을 포함하는 지역으로 확대되면서 이 지역에 전체 인구의 1/2이 거주한다.

도시화는 특징적 경관을 보인다. 대부분의 미국도시에서 전형적인 그리드모양의 도로배열이 보인다. 이는 질서, 대칭, 효율적 교통의 필요로부터 나온 것이다. 또한 직각그리드유형이 측량하기도 쉽고 땅을 팔 때 필지를 기록하기도 쉬웠다.

도시의 기능

대부분의 대도시는 특정한 기능에 의해서 성장하는데 그 기능이 그 도시를 유지시키고 도시에 특별한 특성을 준다. 뉴올리언스 같은 도시는 교통이라는 역할을 가진다. 캐나다의 오타와는 주요한 행정기능을 갖는다. 라스베이거스나 올랜도나 애틀랜틱시티는 레크리에이션 산업에 의해 발달된 도시이다. 해밀턴, 온타리오, 디트로이트, 미시간 등은 제조업으로 특징지어지는 도시이다. 미국과 캐나다에서 수천 개의 소도시와 타운들이 국가 전체에 관계되는 기능과 관계없이 존재하고 번성하며 그 도시들은 주민들과 그 주변지역에 재화와 서비스를 제공하기 때문에 발전할 수 있다.

농지의 전환

도시팽창의 결과로서 새로운 문제가 생기고 있다. 예를 들면 캐나다와 미국의 도시면적은 매년 800,000ha씩 증가하고 있다. 농촌의 토지가 전환되어 일부에서는 미래에 좋은 농지가 도시로 전환된다는 우려도 있다. 또 다른 문제는 도시 확장이 다른 도시들이 병합되는 결과를 가져오기도 한다. 도시들의 경계가 불분명해지고 도시정치조직의 역할과 의미가 변화하는 것이다. 지난 100년간 도시성장의 유형은 미국과 캐나다 지리에서 주요 요소였다. 증가하는 개인 이동성(personal mobility)과 함께 그것은 두 나라의 도시경관의 확대를 자극했다.

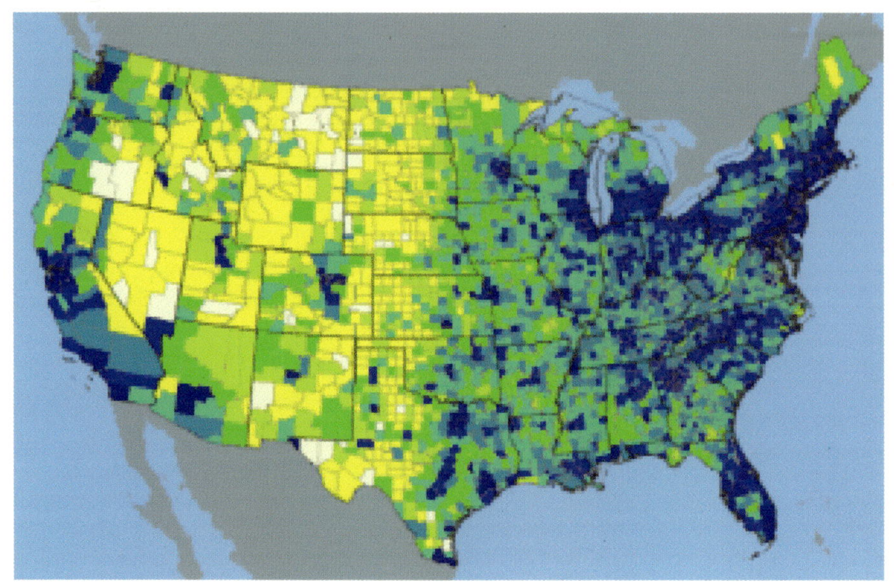

그림 1 미국의 인구밀도(미국 인구조사국, 2000)

산업화 Industrialization

세계에서 미국의 제조업 생산량과 견줄 만한 국가는 없다. 또한 제조업생산의 다양성에 있어서도 미국이 가장 앞선다. 캐나다는 인구규모나 제조업 규모에서 상대적으로 훨씬 작다. 상대적으로 국내시장이 작고 낮은 자본력 때문에 제조업의 다양성이 떨어진다.

미국과 캐나다의 도시패턴은 산업화에 의한 것이다. 제조업이 주요 경제자극이 되면서 대부분의 도시가 세워지고 성장하였다. 미국과 캐나다에는 제조업에서 지역적 특화가 발견된다. 이는 제조업에 필요한 원료를 얻을 수 있는 장소 의존적이다. 예를 들어 노스캐롤라이나는 주요 담배 생산지이며 담배제조업의 중심지이고, 삼림지대에 둘러싸인 퀘벡은 펄프와 종이 생산지로서 발전했다. 또 다른 북미 제조업의 분포패턴은 산업연계(industrial linkages)와 관련이 있다. 제조업자는 운송비를 최소화하려 한다. 수요자에게 즉각적으로 반응하면서 부품을 근접한 지역에서 생산하기 위해 마지막 조립지에 공장을 입지시키려 한다. 북부 오하이오와 남부 미시간은 자동차부품 제조업의 전형적인 예이다. 또 다른 제조업 입지의 주요한 원인은 노동력과 숙련노동의 존재, 수송시설의 질, 지자체의 태도 등이다. 각 지역은 특정 제조업을 특화시키고자 한다. 그 지역에서 무엇이든 가장 경쟁력 있는 것을 제조하게 되고, 지역적 특화는 지역적 상호의존성을 가져왔다. 제조업에서 전적으로 자급적인 곳은 없다.

제조업은 미국과 캐나다의 도시지역에서 광범위하고 가장 중요한 기능이며, 제조업이 보이지 않는 도시경관은 없다. 원료가 저장된 낮은 빌딩과 트럭과 철도선과 큰 공장, 굴뚝의 연기 등으로 제조업은 가시적으로 경관에 반영된다.

높은 이동성 High Mobility

미국과 캐나다의 교통망은 광범위하고 높은 경제활동 수준을 유지시킨다. 교통망은 사람과 재화가 빠르고 저렴하게 이동할 수 있도록 돕는다. 즉 장소와 장소 간의 상호관련성을 증가시킨다. 주민의 이동성도 상당히 높다. 거의 모든 미국인들은 그들의 생애에 한 번 이상 이동한다. 대체로 20% 인구가 매년 주거지를 이동한다. 대부분의 이동은 지역 안에서 일어난다. 그러나 많은 사람들은 지역 간 이동을 하기도 한다. 대체로 일자리와 관련된 이동이다. 개인이 이동하게 되는 요인은 무엇인가? 인구 지리학자들은 미는 요인(push factor)과 끄는 요인(pull factor)으로서 설명한다. 부정적 특성이 있는 장소에서 긍정적 특성이 보이는 곳으로의 이동이다. 전통적으로 그들은 경제적 기회가 많은 곳으로 이동한다.

이동의 역사

농업지에서 서쪽으로 이동이 일어난 것은 미국은 19세기 말까지이고 캐나다에서는 1910년대까지이다. 그러나 경제가 성장하면서 제조업의 비중이 증가하고 기회의 장소는 변화되었다. 20세기 초 미국과 캐나다의 인구이동은 산업이 위치한 도시지역으로 이루어졌다. 최근에 두 나라의 경제는 후기 산업사회로 접어들면서 제조업보다는 서비스와 전문업에서 고용증가가 발생한다. 서비스와 전문업은 입지의 유연성이 크며 고용기회와 편익시설이 많은 지역으로 이동하고 있다.

풍부한 자원과 자원의존성

미국과 캐나다는 원자재를 수출하고 국내소비를 위해 생산한다. 두 나라 다 식품 원자재를 수출한다. 1987 - 1988년 사이 미국은 세계 식량수출의 50%를 차지했다. 1996년에 미국 농산물 수출은 옥수수 2억 3,600만 톤, 밀

6,200만 톤, 콩 6,500만 톤, 면화 1,800만 베일즈(bales)였다. 미국은 밀, 옥수수, 쌀 등을 포함한 곡물의 수출국이다. 미국은 콩, 담배, 면화의 생산품을 수출한다. 미국과 캐나다에서 생산하는 식량은 칼로리로 환산해서 두 나라 인구의 두 배만큼 인구를 부양할 수 있다.

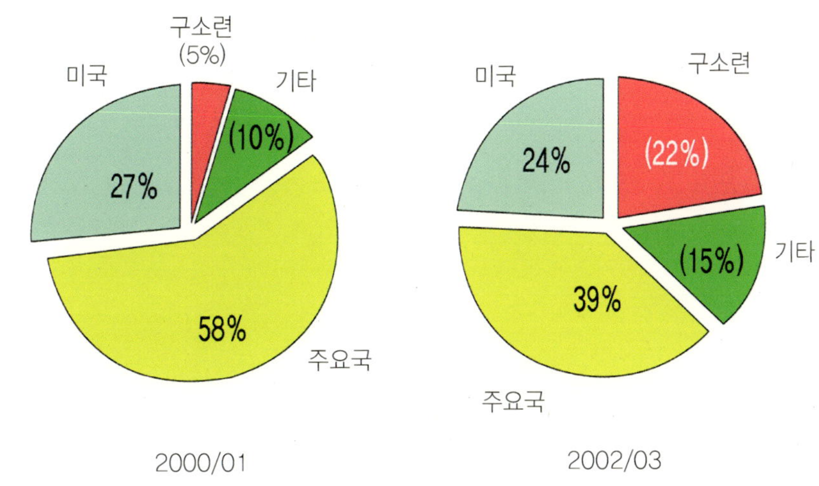

그림 2 밀수출국
* 주요국: 호주, 아르헨티나, 캐나다, EU

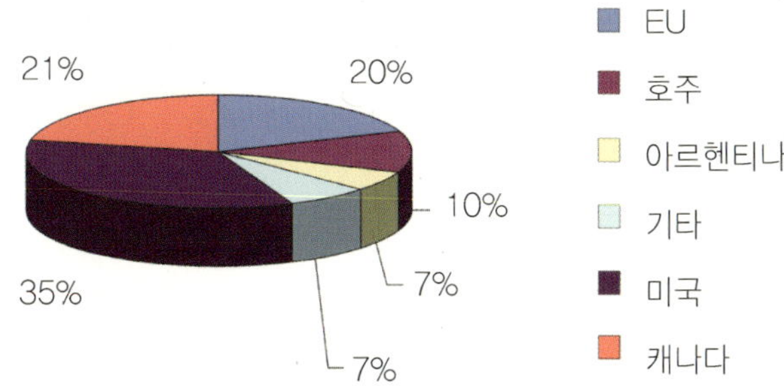

그림 3 세계 밀 수출시장 점유율

미국에서 경지의 25%가 수출하는 곡물을 경작하고 캐나다의 경우는 더 높은 비율의 경지가 수출용 농산물 경작지이다. 캐나다는 다른 원자재와 중간 원료(석유, 석탄, 펄프, 목재, 철광, 천연가스, 구리, 니켈)를 수출한다. 다른 나라도 많이 사들이지만 미국은 캐나다에서 이러한 원자재를 가장 많이 사들인다. 일본은 캐나다의 서해안에서 석탄과 삼림제품을 수입한다. 미국은 석탄과 임업 생산품 같은 비농산물 원자재를 국제시장에 공급한다. 예를 들면 석탄을 많이 수출한다. 그러나 미국이 천연자원을 가진 반면 미국의 산업을 위해 엄청난 양이 필요하다. 이 수요의 대부분은 국내생산으로 충족된다. 자원의존의 관점에서 미국과 캐나다의 수요는 아주 긴밀한 관계가 있다.

고소득과 높은 소비

캐나다와 미국은 천연자원이 풍부하고 시민의 소득이 높다. 미국인들과 캐나다인들은 세계에서 가장 소득이 높은 나라에 해당된다. 그들은 돈을 많이 벌고 많이 소비한다. 그들의 큰 소비수요는 대량의 소비를 유도하고 자국의 경제 발전을 일으켰다.

두 나라의 경제에서 에너지, 교육, 혁신은 주요 이슈이며, 고소득은 노동자의 생산성과 기계와 숙련된 노동력, 컴퓨터기술에 의해 가능하다.

에너지자원은 기계를 움직일 수 있게 하고, 개인의 이동을 가능케 한다. 교육은 질 높은 노동력과 기술혁신을 가져온다. 이러한 모두가 기회를 가져오며, 국가 에너지 소비를 증가시킨다. 미국과 캐나다인들은 세계 총에너지의 30%를 소비하고, 그들이 사용하는 총에너지의 양은 계속적으로 증가하고 있다.

대량소비사회

많은 부존자원에도 불구하고 높은 소비를 위해 두 나라는 수입자원에 의존한다. 미국은 소비하는 석유의 절반을 수입하고 철광과 천연가스, 주석과 알루미늄도 수입한다. 캐나다는 외국자원에 대해서 미국보다 덜 의존적이다. 그러나 캐나다도 필요한 석유의 일부분과 국내에 없는 자원을 외국에서 수입한다.

대량소비사회는 여러 형태로 경관에 반영된다. 예를 들면 여행자들은 수많은 물품광고를 접할 수 있다. 소매점들은 소비자가 안락하고 쉽게 소비하도록 디자인한다. 개인쇼핑이 편리하도록 거리와 주차공간이 설계되고 있다.

미국과 캐나다가 다가오는 수십 년간 계속적으로 고소비를 유지할 수 있을지가 당면한 가장 어렵고 중요한 이슈이다.

미국과 캐나다 자원은 국민들의 제품구매 욕구를 만족시키기 위해 많은 양이 소비되고 있다. 미국의 오일매장량은 매년 개발되는 양이 발견되는 양을 상회하므로 계속적으로 감소하고 있다. 캐나다의 발견되지 않은 자원을 위한 탐사는 좀 더 파괴되기 쉬운 지역으로 이동하고 있으며 그 지역을 개발한다는 것은 그 피해가 장기간 발생할 수 있음을 의미하기도 한다.

전반적인 고소득에도 불구하고 두 나라 모두 빈곤한 지역이 남아 있다. 프렌치 캐나다의 농촌지역과 대서양 연안의 농촌은 토론토나 밴쿠버주민 소득의 절반이 넘는 수준이다. 미국 남부의 멕시칸 아메리칸과 애팔래치아와 대부분의 미국도시에서 유색인종 중 빈민가 주민들은 미국 평균소득보다 훨씬 낮다. 그것은 많은 수의 국민이 국가의 부를 나누지 못하며 개인적으로 빈곤한 층이 있다는 것이다.

저소득 가구분포
주별
저소득가구분포
16.0 and over
12.4 to 15.9
10.0 to 12.3
Less than 10.0
카운티별
저소득가구비율
26.0 or more
17.0 to 25.9
12.4 to 16.9
8.5 to 12.3
Less than 8.5
미국인구조사국,2000

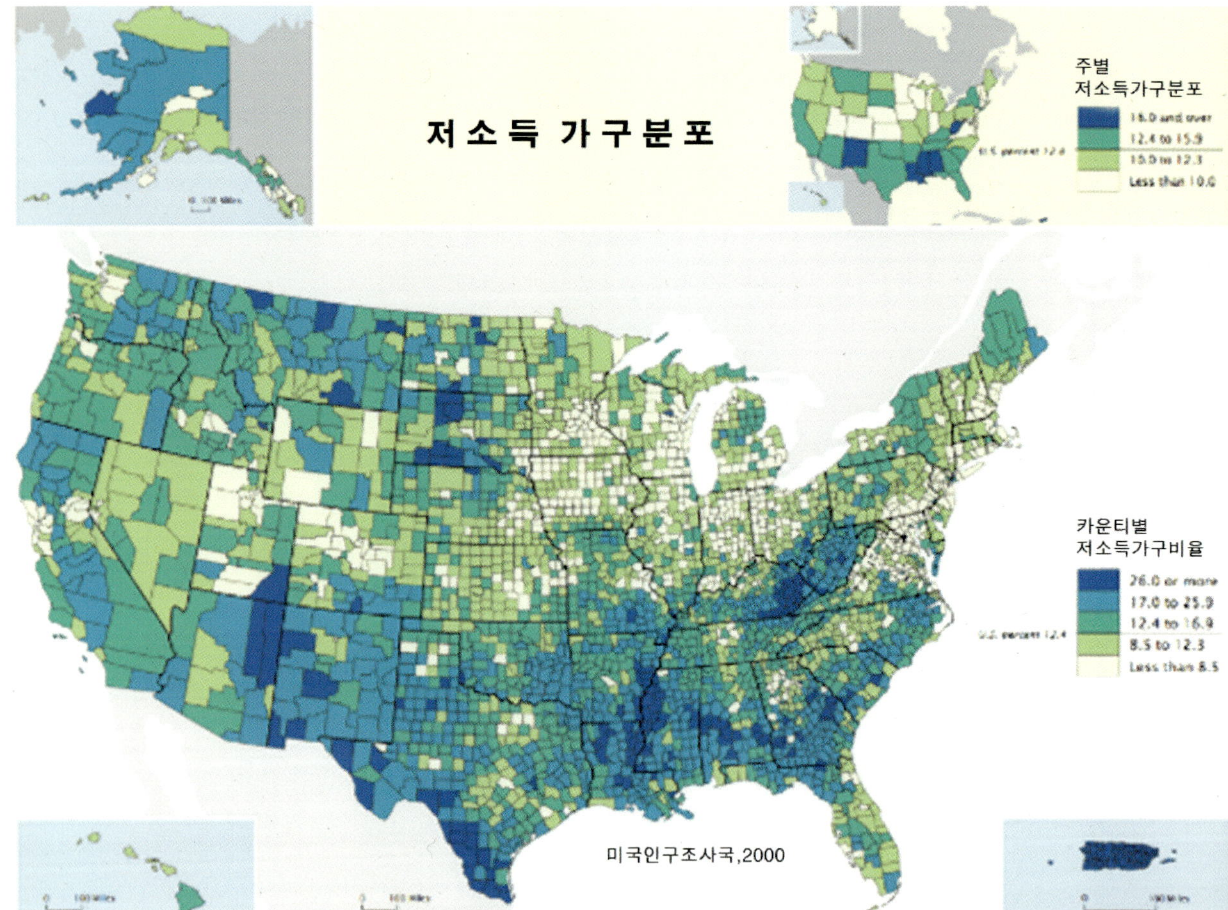

그림 4 저소득가구분포

고소득 가구분포
주별
고소득가구분포
20.0 or more
16.0 to 19.9
11.0 to 15.9
Less than 11.0
U.S. percent 20.0
카운티별
고소득가구비율
25.0 or more
20.0 to 24.9
10.0 to 19.9
5.0 to 9.9
Less than 5.0
U.S. percent 20.0
미국인구조사국,2000

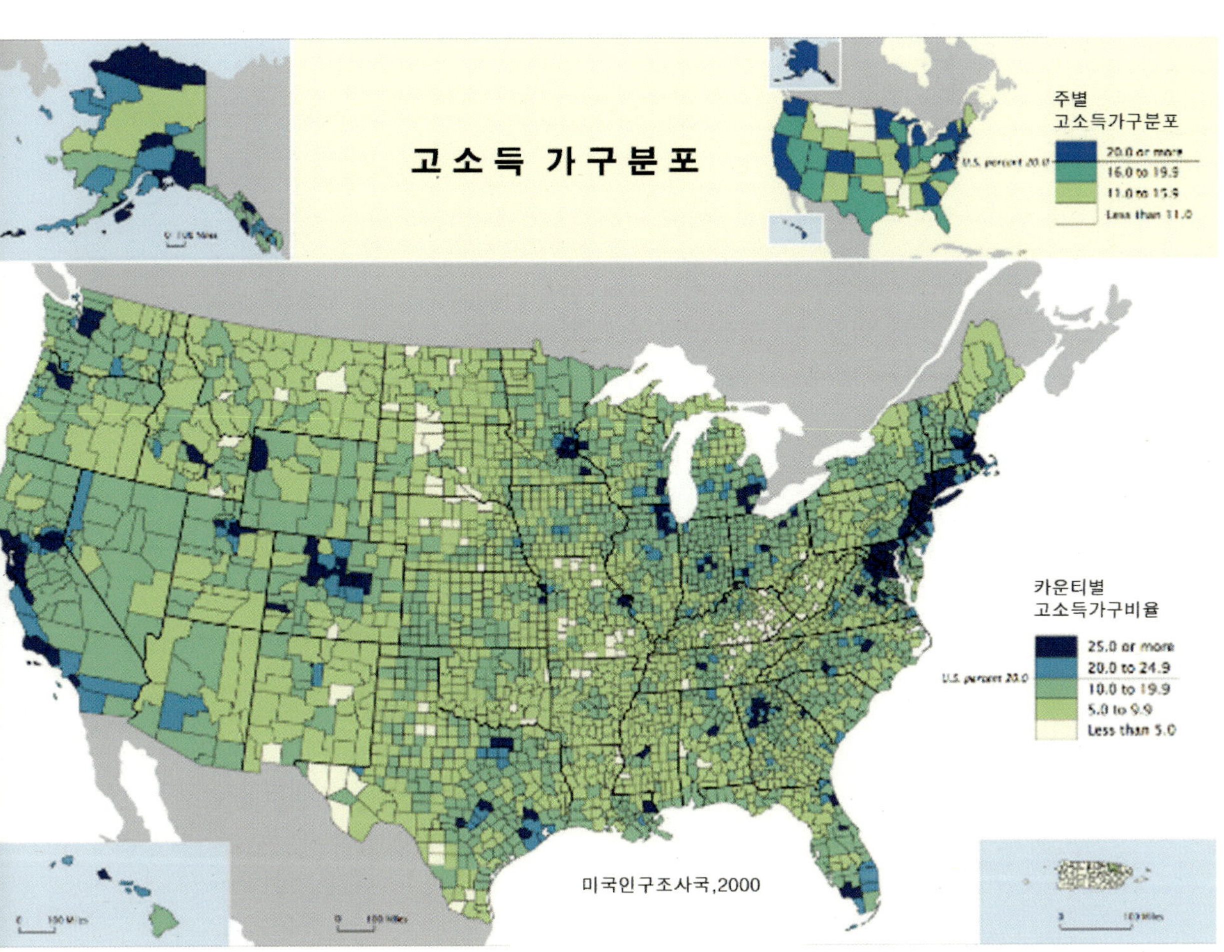

그림 5 고소득가구분포

정치적 복합성

미국과 캐나다는 복잡한 정치제도를 가지며 사법제도도 다양한 의사결정기관으로 분리되어 있다. 어떤 의사결정기관에 따라 선출직과 임명직이 있다.

국가차원에서 캐나다는 영국과 유사한 의회 정부 제도를 가지며, 미국은 행정과 입법이 분리된다. 캐나다의 연방제도는 지방의 독립을 상당히 부여하고 미국의 헌법도 각 주의 독립을 인정한다.

미국과 캐나다는 국가안에 주(state)나 프로빈스(province) 레벨의 하위 정치구조를 가진다. 구조적 복잡성은 정부서비스의 효율에 문제를 제기하기도 한다. 각 카운티와 시, 타운, 타운십은 각기 선출된 관리들에 의해서 통치된다. 특별서비스로 교육과 계획청, 소방기관, 교통기관과 수자원공급기관 등이 있다. 어떤 장소에서 서로 다른 행정기관이 서비스와 사업을 통제하면서 그 관장이 중복되기도 한다.

행정 기관의 난립에다 일단 행정기관이 만들어지면 거의 사라지지 않고, 그 권력을 다른 기관에 넘기는 일이 드물다. 인구가 증가하고 공간적으로 병합되면서 변화를 거부하는 관료들의 문제도 생기고 서비스의 비효율 사례가 증가하기도 한다.

문화적 배경의 다양성

캐나다와 미국의 국민은 다양한 문화적 배경을 가진다. 캐나다에는 영국계와 프랑스계의 구분이 뚜렷하다. 그러나 캐나다는 이보다 더 다양해서 수많은 인디언과 이누이트족이 북부지역에 거주한다. 게다가 캐나다는 유럽과 아시아지역에서 많은 이민을 받았다.

미국 남부에는 아프리칸 아메리칸이 중요하며 원주민과 여러 유럽국가에서 많은 인구가 유입되었다. 미국에는 구별되는 문화지역이 존재하며 남서부는 많은 인디언 종족과 히스패닉도 거주한다. 샌프란시스코와 뉴욕에는 중국인, 일본인 등 아시아에서 온 이민자들로 구별되는 문화를 보인다. 가장 최근에는 중앙아메리카에서 라티노 이민자들이 미국으로 이주하고 있다.

특이한 것은 캐나다와 미국은 여러 부문에서 문화적 다양성이 존재하지만 사회적 통합을 위협하지는 않는다. 사람들이 사회에서 기능할 수 있도록 섞어지면서 많은 문화가 공존한다. 풍부하고 역동적인 문화적 결합은 미국과 캐나다에서 경관을 특이하게 하는 데 도움을 준다.

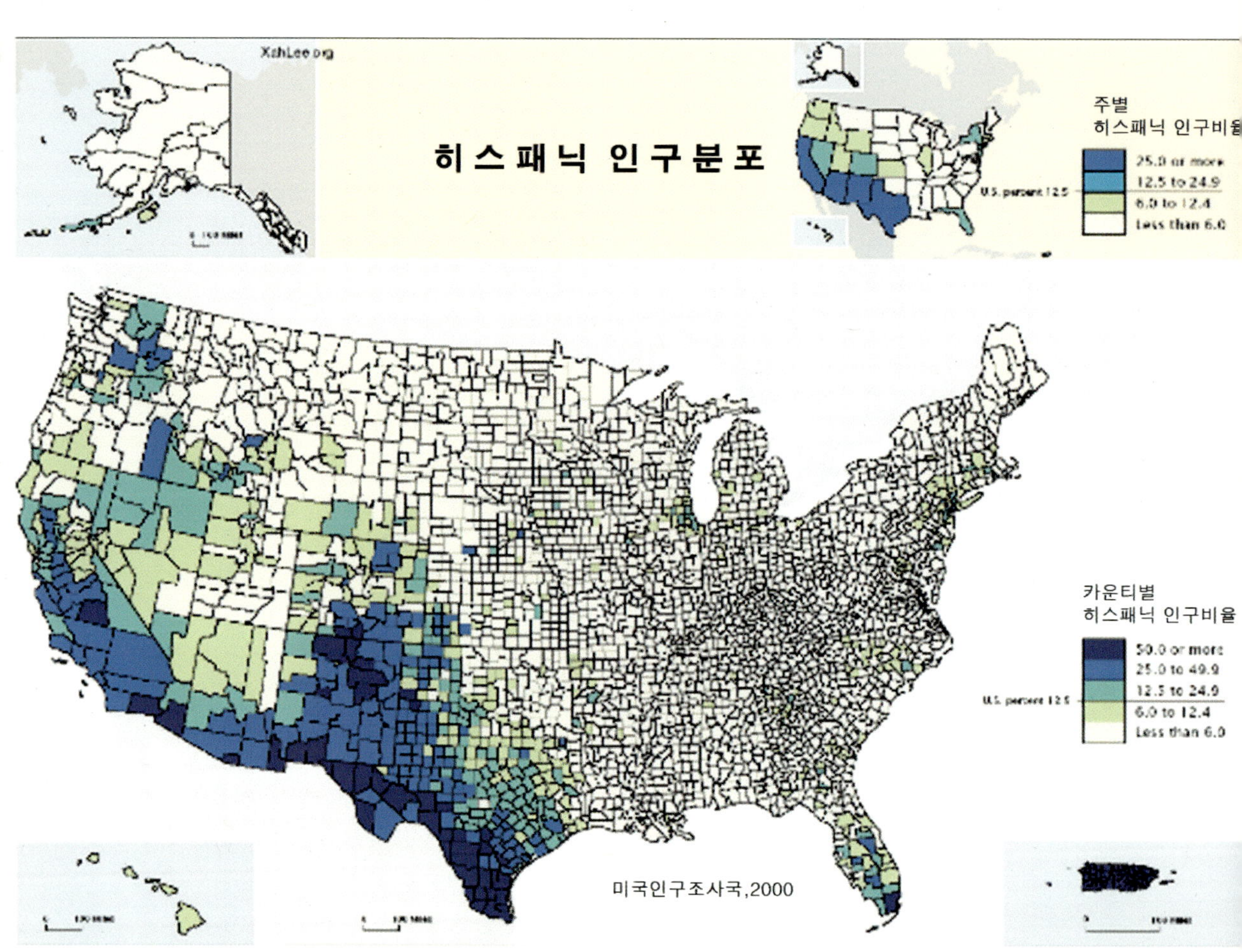

그림 6 히스패닉 인구분포

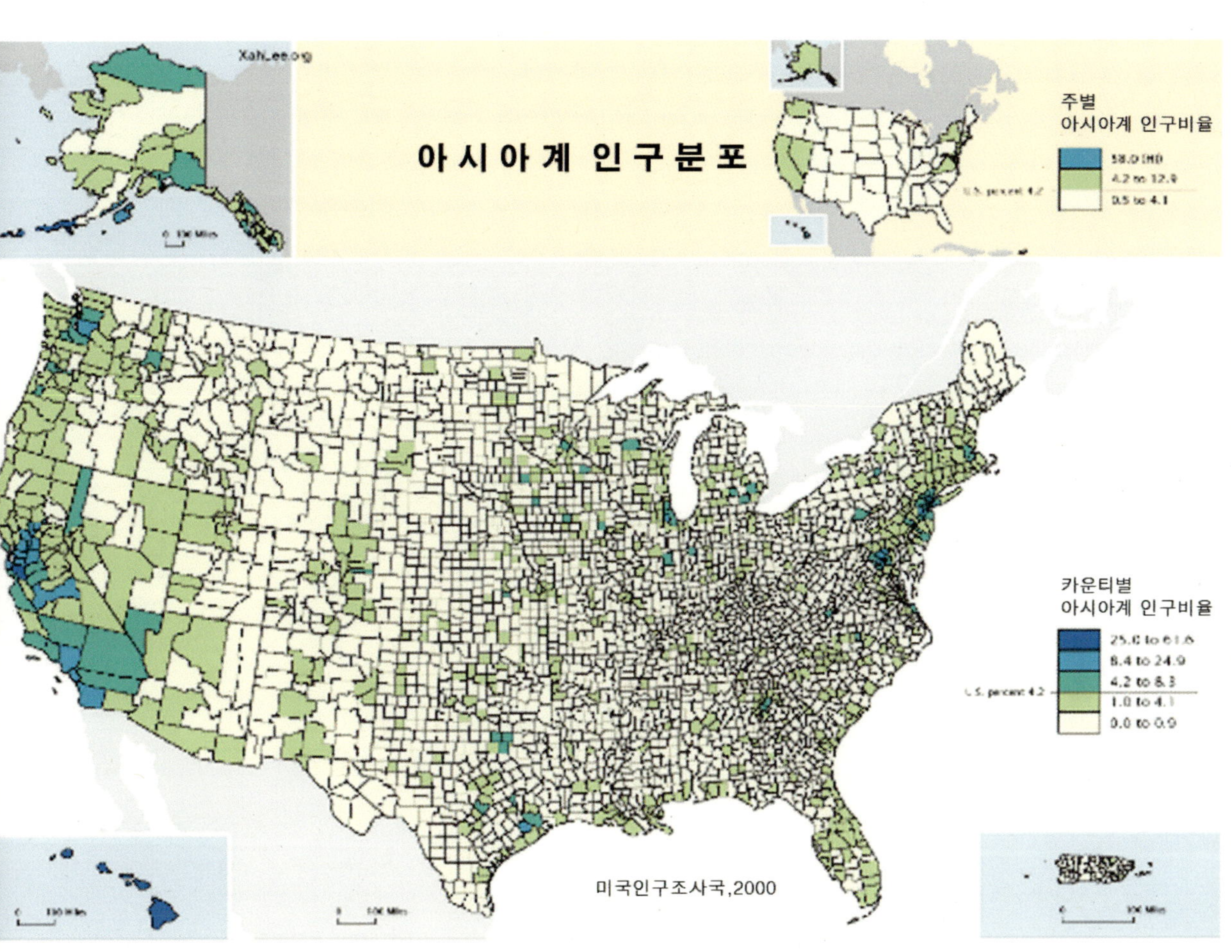

그림 7 아시아계 인구분포

주요종족
주별 주요종족
카운티별 주요종족
아프리칸 아메리칸
에스키모
아메리칸
아메리칸 인디언
화란계
영국계
프랑스계
독일계
히스패닉계
아일랜드계
이탈리아계
멕시코계
노르웨이계
프에르리코계
기타
미국인구조사국,2000

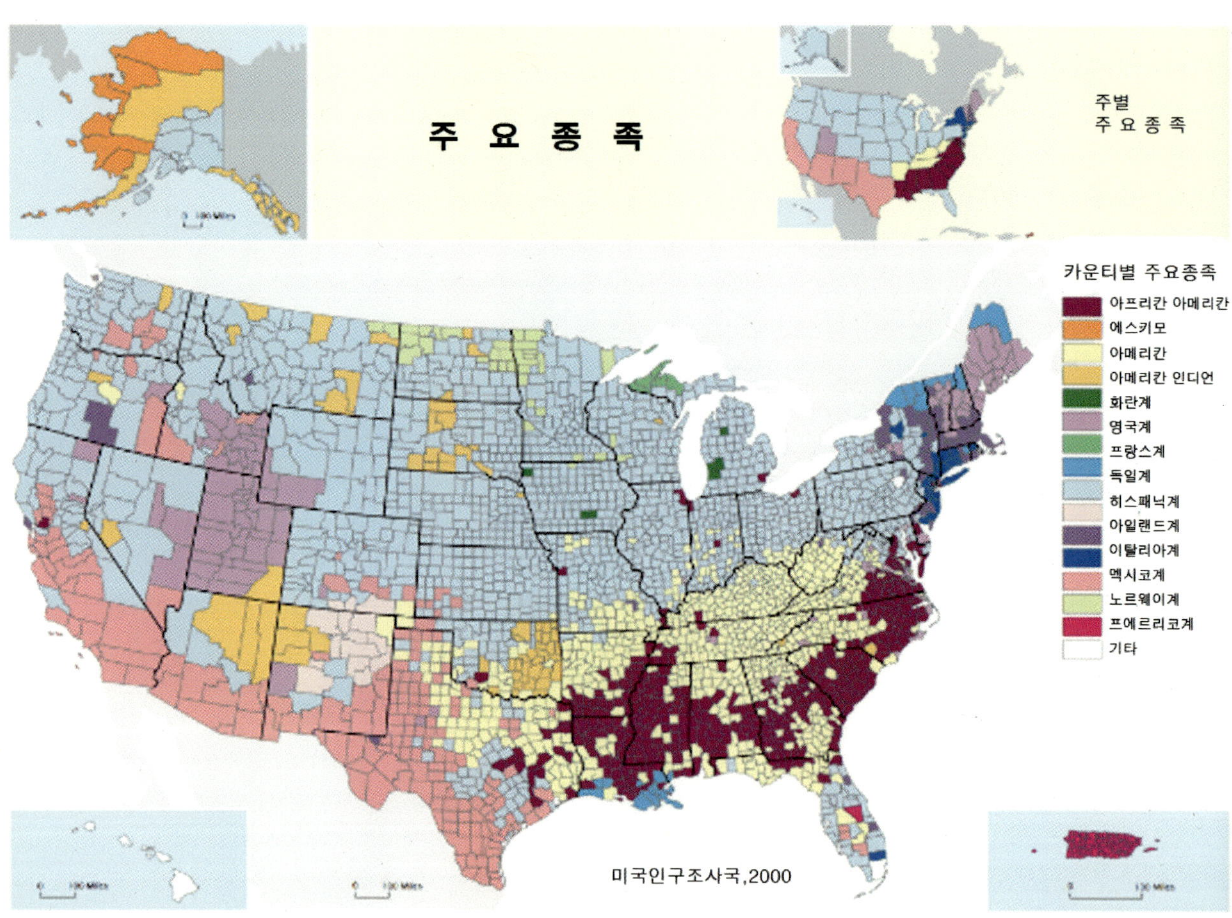

그림 8 주요 종족

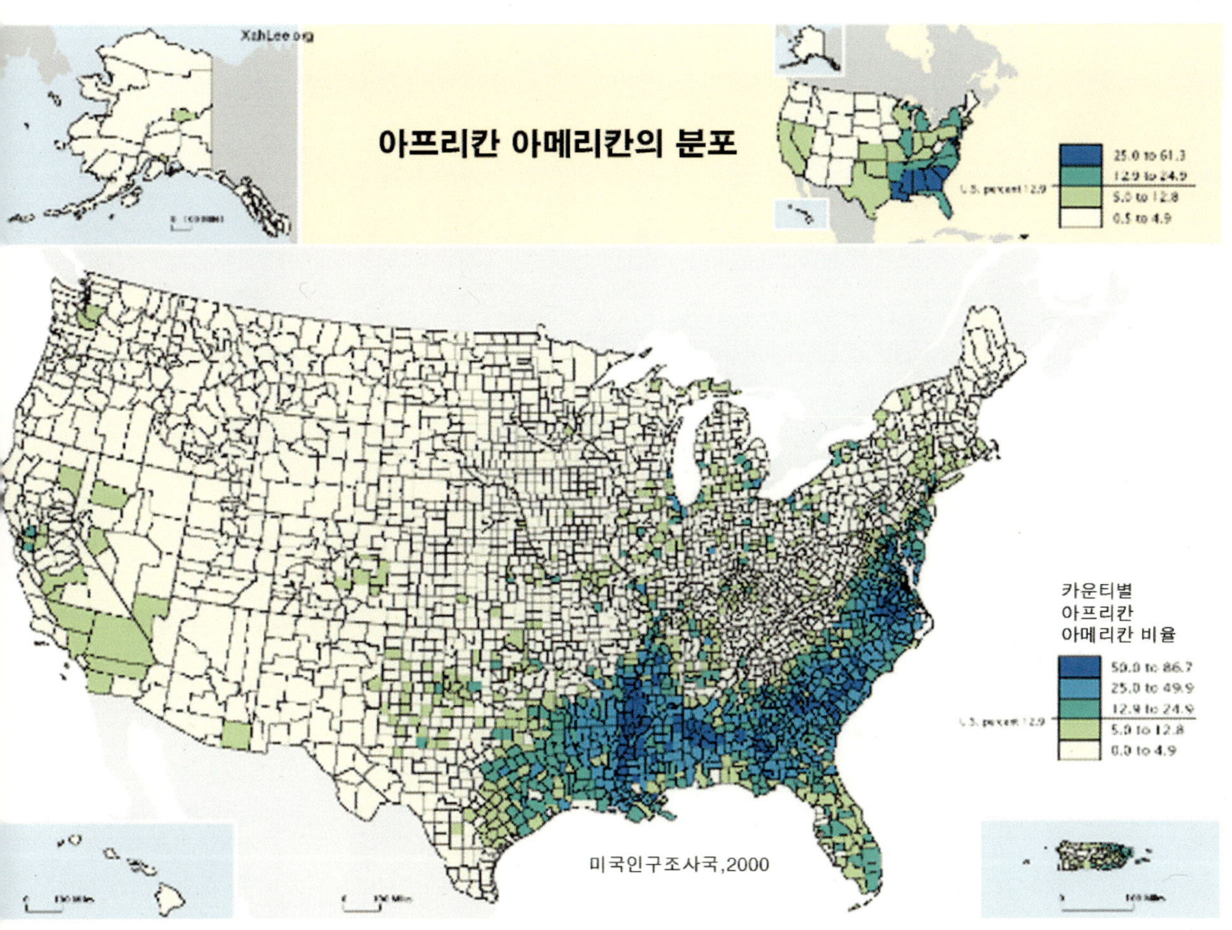

그림 9 아프리칸 아메리칸의 분포

Xan.Lee.org
백인 인구분포
주별
백인 인구비율
90.0 to 97.9
77.1 to 89.9
50.0 to 77.0
52.2 to 49.9
U.S. percent 77.1
카운티별
백인 인구비율
90.0 to 99.9
77.1 to 89.9
50.0 to 77.0
25.0 to 49.9
5.2 to 24.9
U.S. percent 77.1
미국인구조사국,2000

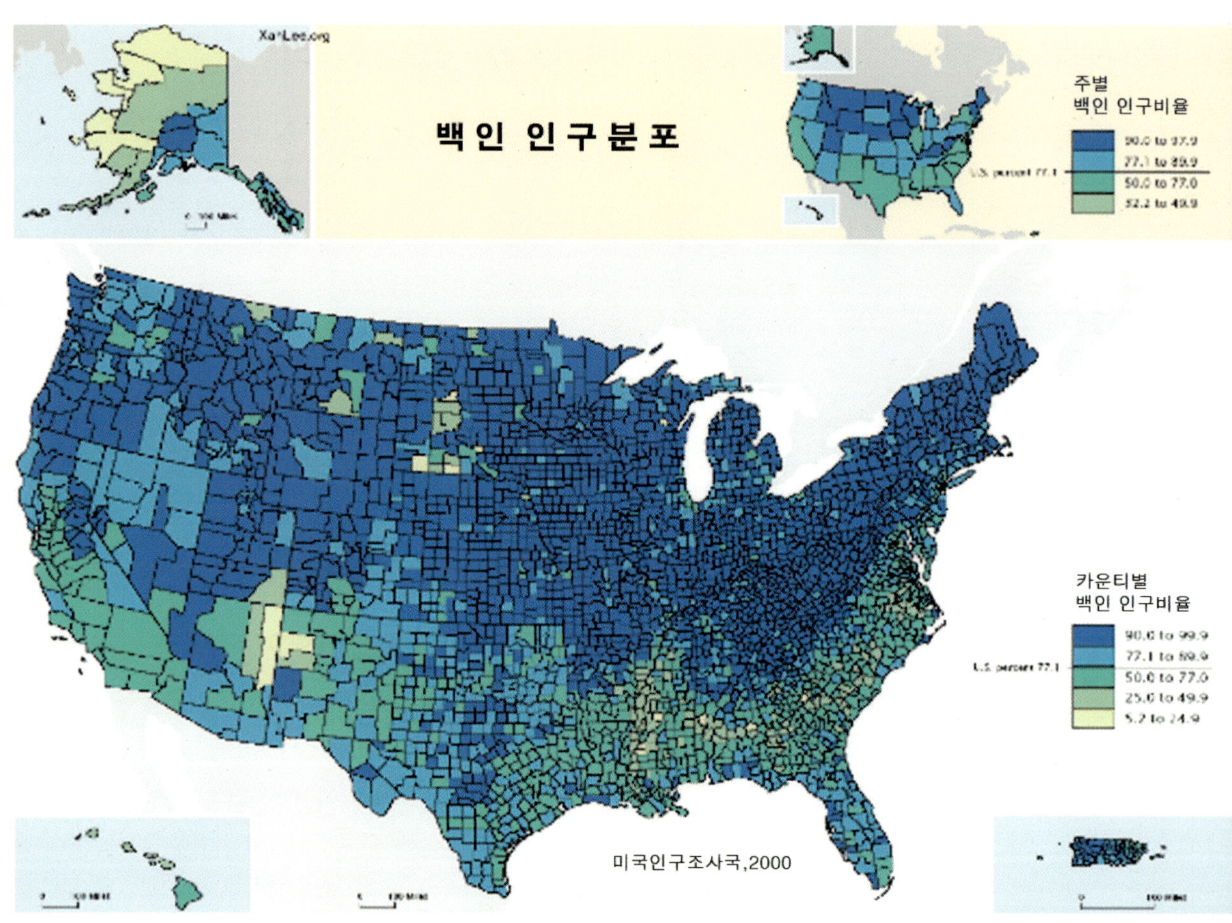

그림 10 백인 인구분포

환경적 영향

도시화, 산업화, 높은 이동성, 자원 의존성, 높은 소득을 동반한 높은 소비는 필연적으로 자연환경을 파괴한다. 자연환경으로부터 자원을 추출하면서 그 영향을 남기지 않을 수 없다. 사람들이 밀집된 도시는 많은 환경문제를 일으킨다. 대기와 물은 제조업에서 자원을 이용해 생산하는 과정에서 질이 낮아진다. 토지이용의 유형이 개인의 높은 이동성과 소비를 위해 설계되지만, 대체로 장기적인 사회적 편익이나 경관을 위해서 설계되지 않는다.

미국과 캐나다에서 도시화, 산업화와 소비수준이 상승하면서 환경적 영향은 심각하게 드러난다. 이러한 영향으로 경제발전과 환경보전에 관해 논쟁을 거듭했다. 지난 사반세기 동안의 논쟁 결과로 더 많은 정부의 개입을 가져왔다. 개발과 보전에 있어서 연방과 지방정부는 가장 이상적인 방향을 찾으려 노력한다. 정부는 적절하고 의미 있는 환경보호를 위해 규제를 세운다. 그러나 규제에 의해 자국 내 자원의 개발비용이 증가하면서 개발과 보전에 관한 논쟁은 증가한다. 환경에 주는 영향에 대한 논의는 미래에도 계속 될 것이다.

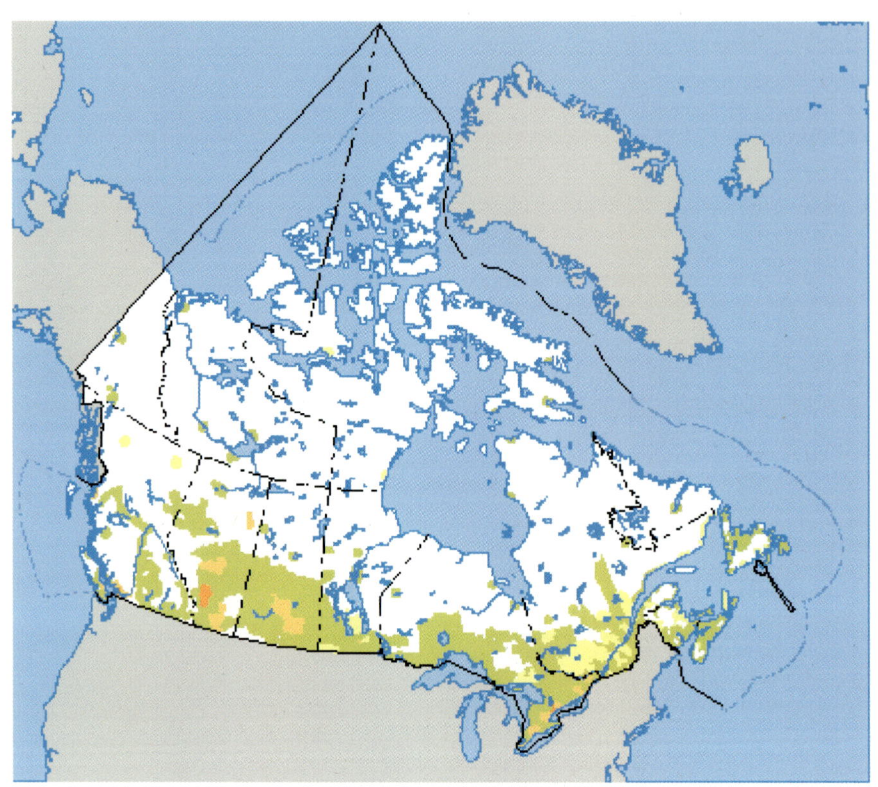

그림 11 중국계 인구분포(캐나다 인구조사국, 2001)

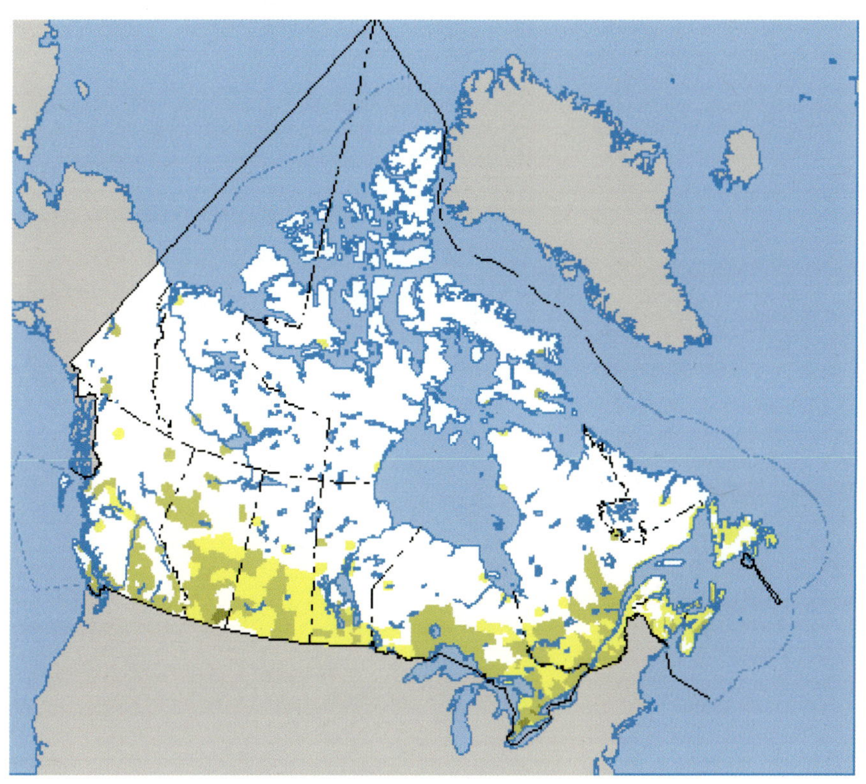

그림 12 라틴아메리칸 분포(캐나다 인구조사국, 2001)

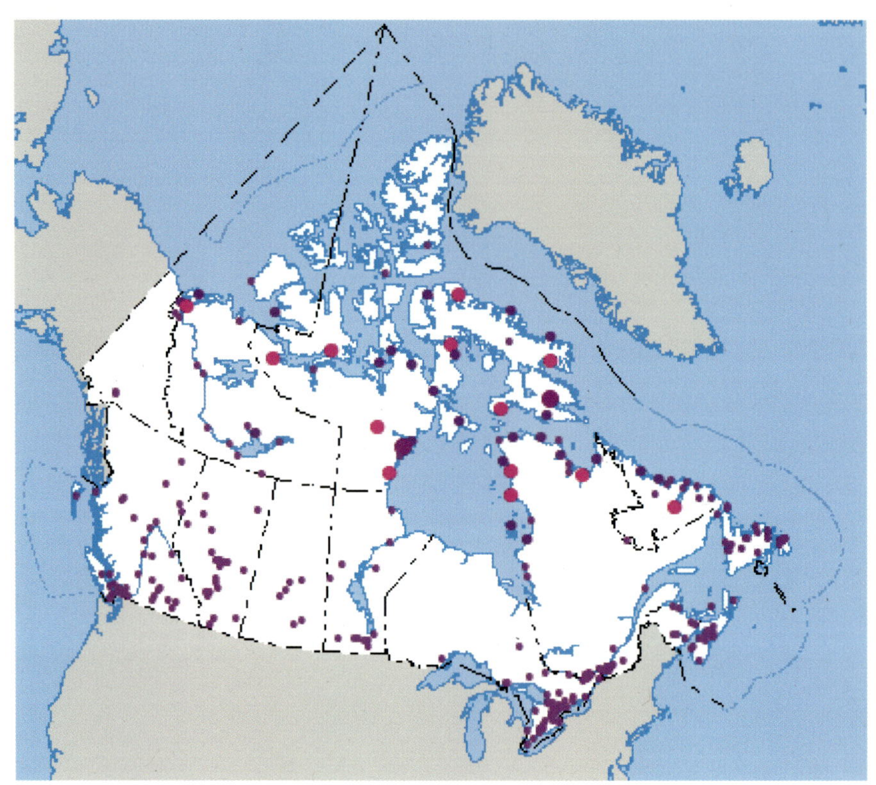

그림 13 이누이트족의 분포(캐나다 인구조사국, 2001)

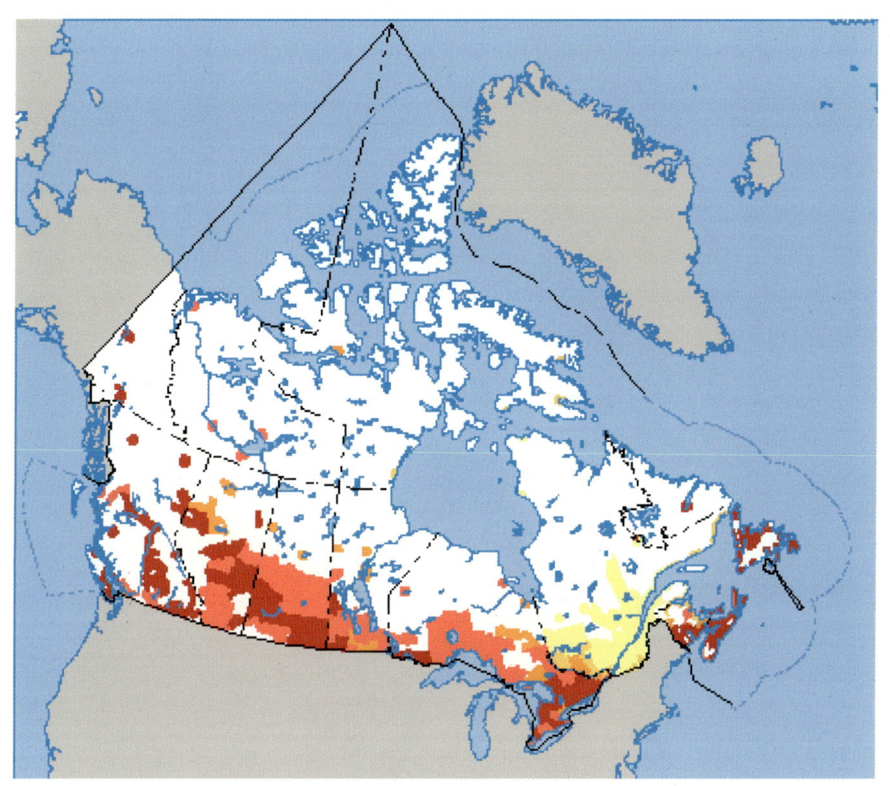

그림 14 영어사용 인구비율(캐나다 인구조사국, 2001)

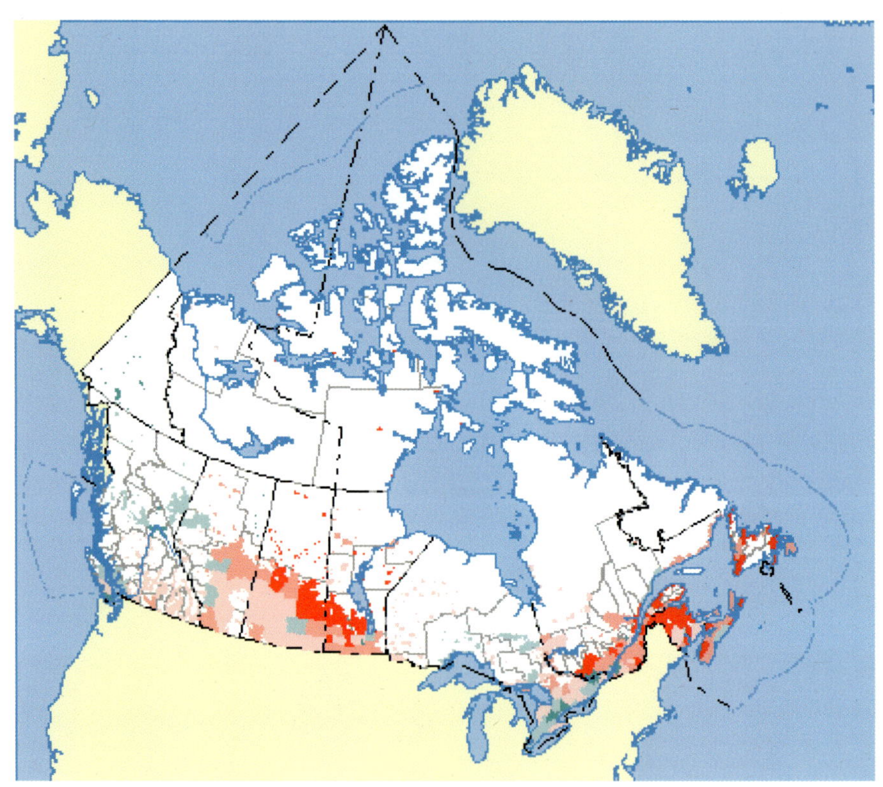

그림 15 소득분포도
푸른색 지역은 18,000달러 이상이며 적색 지역은 8,000 ~ 16,000달러 이상이다(캐나다 인구조사국, 2001).

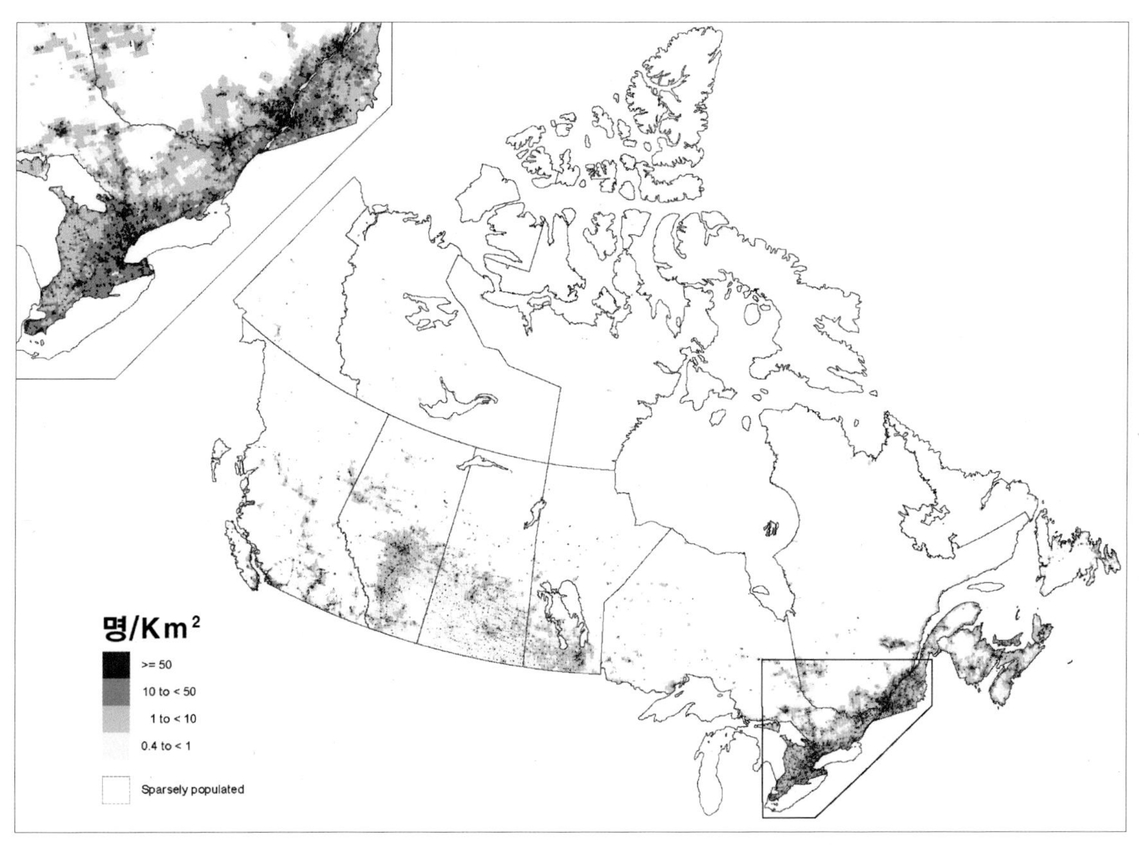

그림 16 캐나다 인구밀도(캐나다 인구조사국)

I.
북아메리카의 자연환경

인간은 어디에 살든지 자연환경의 영향을 받는다. 자연환경은 지역의 특성을 형성하는 가장 주요한 요인이며 지리적 분포의 특성을 설명할 수 있는 여러 요소 중의 하나다. 미국과 캐나다는 북아메리카를 이루고 있는 대륙이다. 대륙의 중앙부는 저지대이며 기복이 작아서, 대륙의 내부를 자동차로 수일 동안 여행해 보면 지형이 거의 변화하지 않는 것을 경험할 수 있다. 한편 동부해안에는 완만한 구릉지가 나타나며, 서부해안에는 험준한 고산지가 나타난다. 중앙부의 넓은 저지의 경관은 비슷하지만 그 형성과정은 다르다. 북아메리카의 주요 자연환경은 다음과 같다.

1. 저지

대륙의 내부는 넓은 저지대이며 이는 멕시코 만에서 북극까지 확장된다. 이 저지는 5,000㎢로 대륙 면적의 절반을 넘는다. 저지는 지형과 기반암의 종류에 따라 애틀랜틱 걸프 해안저지, 내륙저지, 로렌시안 저지로 나누며,

그림 17 버지니아 해안 저지

내륙저지를 다시 대평원(Great Plains)과 내륙평야(Central Lowland)로 나눈다.

애틀랜틱 걸프해안 저지는 멕시코 북부에서 동부해안을 따라 뉴잉글랜드의 남부까지 이어진다. 이 지역의 기반암은 쉽게 풍화되는 지질적으로 오래되지 않은 암석이다. 이 해안저지는 지질시대에 해수면이 상승하여, 대륙이 물에 잠기면서 퇴적물이 퇴적된 대륙붕을 형성했는데 그 길이가 해안으로부터 400km 정도 해수면 아래에 뻗어 있다.

해안의 평평한 저지는 농경에 이용된다. 농경지가 홍수 시 범람되지 않는 이유는 1m 50cm 깊이의 관개용수로가 지역의 지하수면을 낮추어 주기 때문이다.

내륙 저지 Interior Lowland

　　내륙 저지는 동부의 애팔래치아 산맥과 서부의 로키산맥으로 둘러싸여 있다. 내륙 저지는 해안 평야보다 낮지만 험한 산지는 아니다. 이 지역은 큰 받침접시 형상이다(그림 18). 단단하고 침식에 강한 퇴적암이 수평층을 이루고 있다. 내륙저지는 하천의 침식과 빙하의 작용을 받았다. 내륙저지는 대평원과 내륙평야로 분리된다.

　　저지 안에서 대평원(Great Plains)의 지질은 내륙평야(Interior Plains)의 지질과 다르다. 퇴적암이 압도적이지만 북부에서는 침식된 돔이 나타나며, 특히 서부의 사우드다코타의 블랙힐스(black hills) 등이 대표적이다. 내륙평야에서 로키산맥에 이르는 데 거의 수평인 퇴적암이 움푹 들어가는 홈통처럼 들어간 곡이 있다(그림 18). 예를 들면 덴버와 콜로라도 스피링스는 이 곡에 위치한다. 퇴적암의 경사가 지표에서는 나타나지 않는데 이는 로키산맥에서 침식된 퇴적물이 그 위를 덮고 있기 때문이다.

　　대평원과 내륙평야의 경계는 맨틀에서 관찰되는 일련의 낮은 단층애로 구분된다. 로키산맥에서 멀어지면서 완만한 650－1,750m 고도의 퇴적지형이 나타난다. 미국의 대평원을 가로질러 서에서 동으로 흐르는 하천은 동부로 사면을 따라 흐른다.

　　내륙저지의 지형학적 특징은 미국의 경제와 취락 발달에 영향을 주었다. 먼저 이 지역의 기후도 농경에 유리하고 고도차가 없어서, 절반 이상의 지역이 서부에서 동부로 지형적 장벽 없이 이동할 수 있어 동해안의 저지와 성장 중심지(대도시군)를 연결할 수 있었다. 한편 미시시피 강과 그 지류는 지역의 통합을 도와서 애팔래치아의 서부는 교통의 중심지가 되었다. 따라

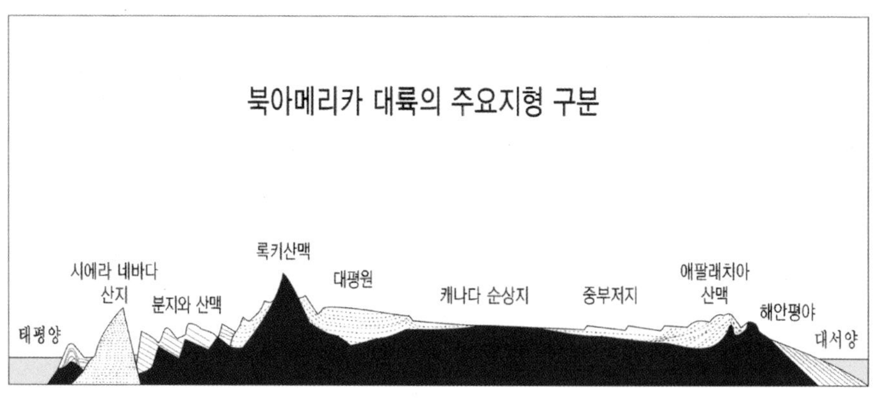

그림 18 주요 지형 구분(J.C. Hudson, 2002)

서 내륙저지는 미국의 심장부이고 경제력 중심지이며 해안에서 내륙으로 들어가면서 외부의 영향이 융합되는 지역이다.

캐나디언 순상지(Canadian Shield, 로렌시아 저지 Laurentian Shield)

캐나디언 순상지는 280만㎢를 차지하는 두 번째로 큰 저지이며 내륙저지의 북부, 북동부에 위치한다. 캐나디언 순상지의 기반암은 내륙저지와 다르며 지형은 침식되어 기복이 완만하다. 지난 100만 년간 허드슨 만으로부터 뻗은 대륙빙하가 확장과 후퇴를 반복하면서 지형이 재구성되었기 때문이다. 대륙빙하가 가장 확장되었을 때 1,300만㎢ 정도 넓이를 덮었는데 이는 대륙 면적의 2/3에 해당된다. 이 대륙빙하는 캐나다 전 지역과 로키산맥, 해안산 맥과 알래스카 동부를 덮었으며 남부로는 미주리와 오하이오 계곡까지 확장되었다. 어떤 지역은 빙하의 두께가 1.6㎞나 되었으며 대륙을 무겁게 압박했다. 하지만 빙하가 10000년 전부터 녹으면서 하중의 감소로 지반이 융기되면서 대지의 고도가 서서히 높아지고 있다.

빙하는 다양하게 경관을 변화시켰다. 빙하는 암석을 뜯어내기도 하고 거대한 암석덩이를 운반하기도 했다. 빙하가 녹으면서 거대한 암괴가 대지 위에 남기도 하였다. 빙하가 움직이면서 오래된 하천은 유로가 변하고 빙하가 녹으면서 주요 하천과 호수가 생겼으며 바다로 연결되는 새로운 골짜기가 넓게 파였다.

빙하는 대지표면을 침식하면서 얇은 토양을 남겼다. 하천은 바다로 직접 흐르지 않고 호소나 습지의 미로를 거쳐 흐른다. 따라서 대부분의 지표면에는 식생이 거의 없고 수천 개의 호수 사이를 흐르는 소하천이 많다. 북부 미네소타는 순상지의 일부인데 '만 개의 호수로 된 주'(Land of 10,000 lakes)라는 별명이 있다.

그림 19 캐나다 순상지의 범위(Friesen, 1984)

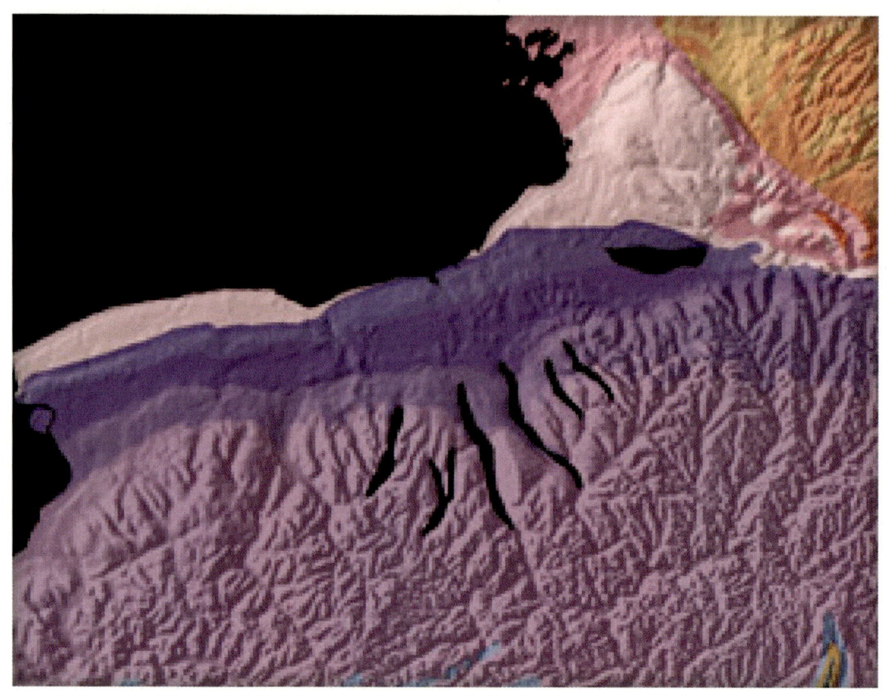

그림 20 뉴욕 주의 핑거 호수(www.nasa.gov/multimedia/imagegallery) ⓒwiki

대륙빙하의 경관은 순상지 너머 지역에까지 확장된다. 빙하가 두껍지 않았던 남부와 그 침식력이 적었던 데는 고도가 높은 데서 방향을 전환하거나 여러 갈래로 나뉘었다. 뉴욕 주의 깊고 좁은 핑거 호수(Finger Lakes)는 빙하로 확장되고 댐이 생긴 계곡으로 아주 아름다운 지역이다. 이 댐은 빙하가 확장되다가 뉴욕중부 모하크 강의 남부고지에 의해 막혔고 빙하에 의해서 모인 퇴적물이 빙하경계에 퇴적되어 지류하천을 가로질러 일련의 자연 댐을 형성했다.

그림 21 뉴욕 주의 핑거 호수 상세도

대륙의 광범위한 지역은 빙하성 퇴적물, 틸(till)로 덮여 있다. 틸은 100m 정도의 깊이까지 저지를 덮는다. 빙하가 후퇴하기 전에 정지될 때마다 모레인(moraine)으로 불리는 언덕이 형성되었다. 동부에서 Staten Island, Long Island, Martha's Vineyard, Nantucket, Cape Cod 등은 말단 모레인(terminal moraine)이며 빙하가 전진했던 범위를 보여준다.

빙하가 지나지 않은 위스콘신(driftless area)

위스콘신의 남서부와 미시시피 인접 지역(길이 400km)은 빙하의 영향을 받지 않은 지역이다. 원마도가 낮은 침식되기 쉬운 암석으로 구성된다. 북부의 수피리어 랜드는 빙하가 흘러오는 것을 막아 미시간 호와 수피리어 호의 계곡으로 빙하가 흘렀다. 드리프스 지역(빙하가 지나지 않은 지역)은 지형적으로 험하며 토양이 발달되지 않아서 농경에 적절하지 않다.

아가시 호수 Lake Agassiz

마지막 빙기에 빙하가 후퇴하면서 유출수에 의해 대규모의 호수가 형성되었다. 아가시 호는 북아메리카의 중앙부에 위치했으며 오대호 전부를 합친 면적보다 큰 빙하호였다(약 440,000㎢). 매니토바(Manitoba). 삭스완(saskatchewan), 노스다코타(North Dakota)와 미네소타(Minnesota)의 평평한 지역은 아가시(Agassiz) 호수로 덮인 지역이다. 북부 대평원에 빙하가 녹으면서 오대호보다 큰 호수가 흔적만 남았다.

항구의 형성

빙하가 확장된 시기에는 해수면이 상당히 낮았으며 결과적으로 여러 하천이 침식기준면을 낮추어 계곡도 깊이 침식되었다. 이러한 계곡은 빙하기가 끝나고 해양저를 이룬다. 다른 하천계곡과 같이 서스카나(Susquehanna)와 허드슨 강(Hudson)의 하구도 깊이 침식되었다. 그러나 해수면이 상승하면서 해수로 채워졌다. 세계에서 가장 좋은 두 항구지역인 뉴욕 만과 체사피크 만이 빙하에 의해 형성되었다.

2. 산지

대륙의 동부와 서부의 끝에 두 개의 거대한 산맥이 있다. 동부의 산지는 완만한 구릉지이며 서부는 고도가 높고 변화가 많은 산지이다.

애팔래치아산맥

동부의 애팔래치아산맥은 3억 년 전 고생대에 지각판의 충돌로 만들어진 높은 산맥이었으나 계속 침식되어 왔다. 현재 고도는 로키산맥의 1/2에도 못 미친다. 예를 들면 북캐롤라이나에서 2,036m가 가장 높은데 로키산맥은 많은 산지가 고도 4,200m보다 높다. 동부의 해안평야저지는 남부 애팔래치아산맥과 바다 사이에 있다. 애팔래치아산맥은 북부로 가면서 폭이 감소한다.

초기 미국 정착인들에게 애팔래치아산맥은 뉴욕에서 서부로 가는 데 장벽이었다. 산맥이 끊어지는 데가 없으므로 교통로를 만들기 어려웠다. 따라서 애팔래치아산맥은 산맥 주변의 취락발달과 경제사에 상당히 영향을 주었다.

대부분의 애팔래치아지역은 토양층이 얇고 자갈이 많으며 급경사여서 기계영농이 어렵다. 넓은 저지가 드물어 도시 또는 산업성장은 좁은 저지에 집중되었다. 피츠버그(Pittsburgh)는 험한 산지에 발달한 대도시의 하나이다.

애팔래치아산맥은 다양한 종류의 지형을 가진다. 뉴잉글랜드 남부와 동부 애팔래치아는 단층 선형산맥으로 협곡이 얽혀 있다. 반면에 서부 애팔래치아는 층상 퇴적암이 침식되어 복잡한 경관을 보인다(그림 23). 뉴펀들랜드와 대서양 연안은 대규모의 화강암 돔(Dome)이 물과 빙하에 의해서 침식되었다. 이러한 돔은 뉴브룬스위크(New Brunswick)와 노바스코샤(Nova Scotia)의 케이프브리튼 섬(Cape Breton Island)에서 잘 드러난다.

그림 23 애팔래치아 산지 ⓒwiki

그림 24 화강암 돔

로키산맥

로키산맥은 전면에 대평원이 펼쳐지며, 정상은 대평원에서 1,600m 정도 고도이다. 아이다호의 북부 로키는 대규모의 화강암 돔이 불규칙하게 침식된 규모가 큰 황무지이며 자연보호구역으로 남아 있다. 좀 더 북부에 있는 캐나디언 로키산맥은(그림 25) 제4기 홍적세의 산악빙하에 의해 침식되었고 대륙에서 가장 풍경이 아름다운 지역의 하나다. 남부 와이오밍에서 로키산맥은 전혀 드러나지 않아 횡단 여행을 하다 보면 고도가 높은 지역을 지나는 것을 의식하지 못한다. 지질적으로 복잡한 와이오밍분지(Wyoming Basin)는 대평원이 서부로 연결된 반도와 같아서, 동서횡단 여행자들은 로키산맥의 험준한 산지를 돌아갈 수 있다.

그림 25 캐나디언 로키산맥(모레인, **Friesen, 1984**)

내륙고원

서부의 내륙고원은 그 형성과 경관이 다양하다. 콜로라도고원(Colorado Plateau)의 최남부는 인접한 저지와는 1,000m 고도 차이가 나는 두꺼운 퇴적암지역이다. 북동방향으로 기울어지면서 콜로라도의 그랜드 캐니언은 북부가 더 높고 평평한 편이다. 콜로라도고원은 대륙에서 지질적으로 가장 화려한 곳이다. 화산에 의한 정상의 협곡이 여러 군데이며, 모래사막도 있고 10여 개의 국립공원이 있다.

그림 26 남부에서 본 그랜드캐니언 ⓒwiki

　　콜로라도 고원의 북서부에 남북으로 달리는 단층산맥들이 흩어져 있다. 내륙의 하천은 유로가 길지 않고 유역도 좁다. 두터운 하성퇴적물이 산지에서 흘러와 저지와 산지에 퇴적되며, 하천은 호수나 건조한 함몰지에서 끊어진다.

　　컬럼비아 스네이크 저지는 두 하천유역이다. 1,000m 깊이의 용암(Lava)이 반복적으로 퇴적되어 형성되었다. 저지의 표면은 서부로 로키에서 태평양 연안으로 흐르는 하천(컬럼비아 강과 스네이크 강)에 의해서 깊이 침식되었다. 화산에 의한 원추(cone)도 남부, 중부 오리건에서 아이다호의 스네이크 강 하곡을 따라 점점이 분포한다.

그림 27 콜로라도 고원 Colorado Plateau

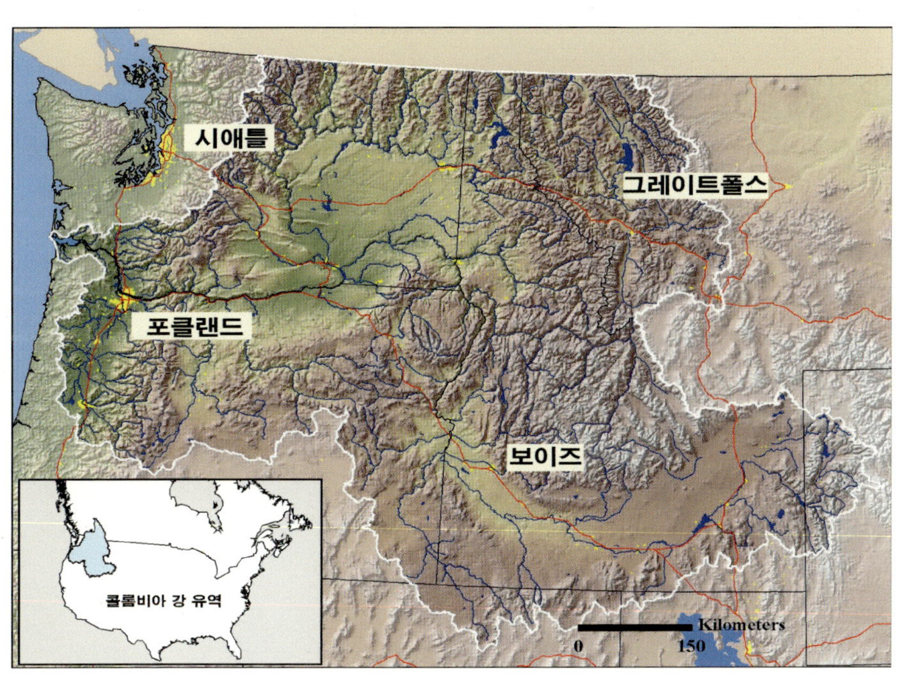

그림 28 컬럼비아 강 유역의 범위

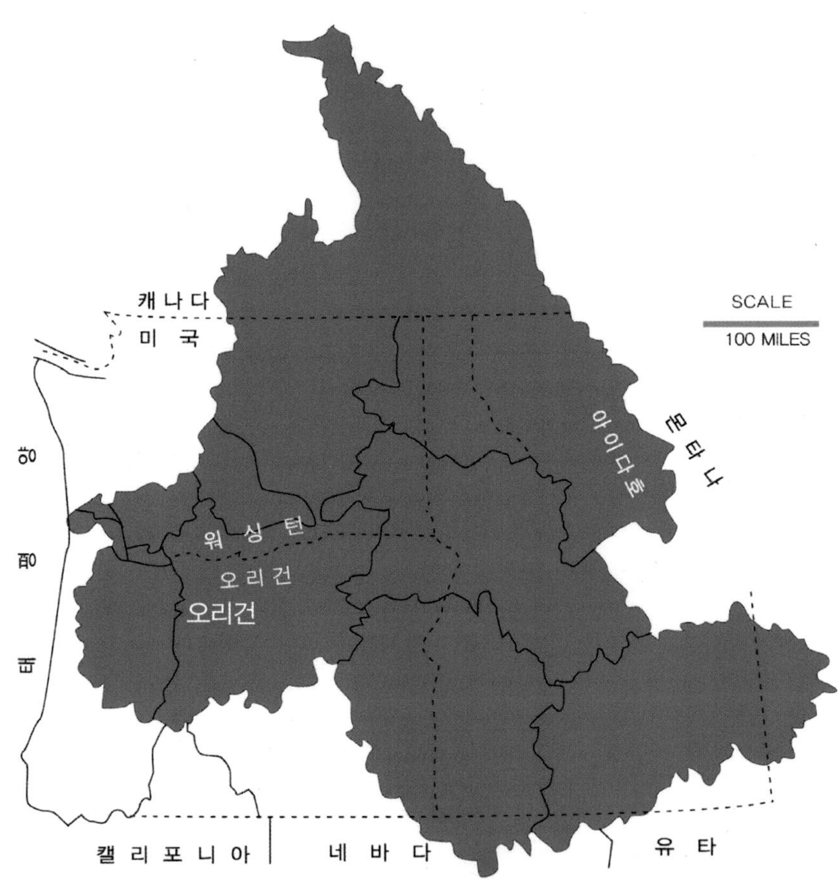

그림 29 컬럼비아 스네이크 강 유역

로키산맥과 해안산맥 사이의 고원은 미국과 캐나다의 국경 근처에서 좁지만 북부로 가면서 다시 넓어진다. 브리티시컬럼비아 강과 알래스카의 유콘 강 유역에서 넓고, 평평하며 배수가 나쁜 저지와 산간지역으로 나타난다.

해안산맥

태평양연안의 자연지역은 남북으로 달리는 산맥이 저지에 의해서 분리되는 구조이다. 해안산맥은 남부 캘리포니아에서는 3,000m 고도에 달하고 오리건 국경으로부터 북부로는 낮아져 1,000m 정도이다. 남부 해안산맥은 캘리포니아의 주요 단층지대와 지진활동 지역이다. 특히 캘리포니아와 오리건 경계의 클라매드 산지는 아이다호 로키와 같이 고도가 높고 매우 험하다. 오리건과 워싱턴 주의 해안산맥은 낮은 구릉성산지이다. 그러나 브리티시컬럼비아의 해안을 따라 해안산맥은 다시 고도가 높아진다.

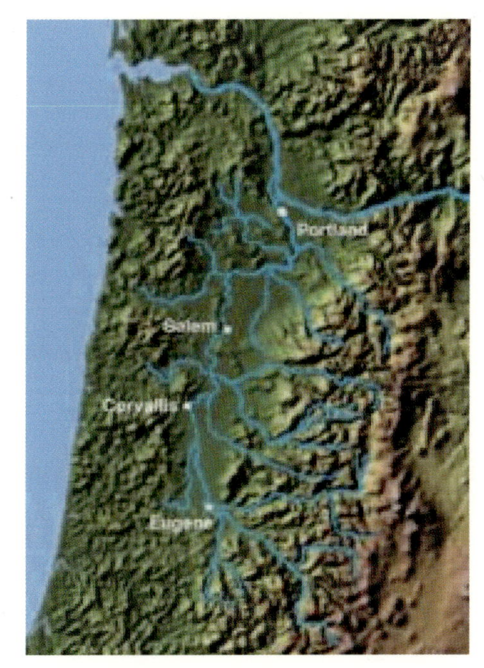

그림 30 월라메트 밸리
The times Atlas of the World, 1999

중앙계곡과 저지

캘리포니아의 중앙계곡, 오리건의 윌라메트 계곡, 워싱턴과 브리티시컬럼비아의 푸껫 저지와 같은 내륙저지들은 태평양 연안 가까이 넓게 분포한다. 대체로 양질의 토양을 가지며 농경이 적절하다. 캘리포니아의 중앙계곡은 미국에서 가장 평평한 지역의 하나이다. 윌라메트 계곡과 푸껫 저지도 비옥한 농지로서 북태평양 해안에서 주민이 집중적으로 거주하는 곳이다.

시에라네바다와 캐스케이드 산맥

저지의 동부에 있는 시에라네바다산맥은 단층으로 지표가 한쪽으로 기울어져서 상승한 것이다. 단층 블록의 가장 높고 날카로운 면은 동부를 향하고 서부사면은 대체로 완만한 경사를 보인다. 시에라네바다의 동부사면은 고도 3,000m 이상이다.

캐스케이드 산맥은 화산활동으로 형성되었다. 워싱턴 주의 마운트 레이니어와 세인트헬렌스, 오리건의 마운트 후드 등이 가장 잘 알려진 화산이다. 캐나다로 이어지면서 캐스케이드 산맥은 해안산맥으로 불린다.

그림 31 캐스케이드 산지 ⓒwiki

3. 기후

위도에 따른 변화

북미대륙에서는 위도 차이에 따라 기온의 남북격차가 크다. 미국 북동부의 주민들이 1월에 플로리다로 여행하면 15 – 20도 정도 온도가 높다. 플로리다 주민들이 여름에 극지방으로 가면 플로리다보다 6도 정도 낮은 기온을 경험할 것이다.

육지와 해양의 분포와 연교차

대륙과 해양은 태양광선을 흡수하는 패턴이 다르다. 물은 육지보다 많이 반사하고 해류와 파도의 이동을 통하여 차거나 더운 해류가 혼합되며 천천히 열을 흡수하고 이에 비해 육지는 급격히 더워지고 추워진다. 대륙도 (continentality)란 계절적 온도변화로 나타내며 해양으로부터 멀리 떨어진 내륙지역이 해안지역보다 크다.

북부 대평원이나 프레이리에 사는 주민들은 연평균 온도 차이가 섭씨 65도이다. 연교차가 50도에서 −50도로(하계와 동계) 기록된 적도 있다. 중위도에서 육지의 규모가 클수록, 내륙으로 갈수록 연평균 기온의 범위는 커진다.

대륙도가 가장 적은 지역은 대륙의 중위도 서해안지역이다. 해안지역은 내륙보다 해양의 영향으로 기온의 연 변화 범위가 작다. 수평적인 또는 수직적인 해류는 해수 온도의 계절적 변화(차이)를 최소화시킨다. 수온에 의해 수면 위 대기의 온도를 변화시키기 때문이다. 해양의 영향은 해안을 따라 대기가 움직이면서 어디에나 나타나며, 서해안에는 특히 규칙적으로 하계와 동계의 극심한 온도를 조절할 수 있는 탁월풍이 있다. 밴쿠버(브리티시컬럼비아)의 예를 보면 연중 기온변화 범위가 15도 정도이다.

강수량

일반적으로 해안에 위치한 지역이 강수량이 많다. 해양에서의 증발량은 많은 수분을 제공한다. 습도가 증가하면 대기가 해안을 따라 이동하면서 강수 가능성이 증가한다. 이 일반적 규칙에 예외가 되는 곳은 남캘리포니아의 건조해안이다. 남캘리포니아의 해안은 건조하다. 매년 봄에 멕시코에서 북으로 이동하는 안정된 기단이 여름에 북태평양에서 발달하여 남부로 이동하면서 기단을 차단하기 때문이다. 따라서 남캘리포니아의 해안은 여름에 덥고 건조하다. 겨울에는 늦가을에 안정된 기단이 남으로 이동하면서 습하다. 캐나다와 알래스카의 해안선도 매우 건조하다. 이 지역은 긴 겨울 동안 습도가 아주 낮다. 매우 춥고, 안정된 대기가 오랫동안 극 지역을 점유하면서 빙설의 가능성을 감소시킨다.

지형의 영향

지형은 기후에 영향을 주어 고도가 높아지면서 기온이 변화한다. 고도가 높을수록 매 1,000m당 섭씨 6.5도씩 하강한다. 이 효과는 지역의 다른 기후 조건에 의해서 상쇄되기도 한다. 그러나 기후에 관한 지형의 영향은 단순히 고도의 문제가 아니다. 대기가 가질 수 있는 (포화, 불포화 정도가)습기의 양이 대기의 온도에 의해서 지배되므로 습한 대기가 물이 응집되어 강수가 내리게 한다. 강수는 상대습도가 100%에 도달하면 발생한다.

산맥에서 탁월풍의 방향을 따라 대기가 상승하면서 냉각된다. 강수는 산지의 바람맞이 면에 내리고 반대로 산지의 바람 의지사면을 따라 내려가면서 대기는 더워지고 강수는 내리지 않는다.

북아메리카의 가장 습한 지역은 태평양해안을 따라 오리건과 남부 알래스카사이 지역이다. 습기를 많이 가진 바람은 북태평양 해안산맥과 인슐라

산지 위로 불게 된다. 이 지역의 연평균 강수량은 200㎝를 상회하고 어떤 곳은 300㎝가 넘는다. 대조적으로 중앙과 북부내륙의 서부지역은 건조한데 남북으로 달리는 산맥의 바람의지사면으로 강수가 내리지 않기 때문이다. 또한 산지가 있으므로 해양의 영향을 감소시키는 예도 있다. 미국과 캐나다 에서 서부 코르딜레라 산지(Western Cordillera Mountain)는 해안지역에서만 서안 해양성기후의 특성을 나타낸다.

기단의 만남

내륙지역의 날씨는 두 기단의 충돌로 결정된다. 하나는 멕시코 만(Gulf of Mexico)으로부터 북쪽으로 흐르고 다른 하나는 캐나다에서 남부로 흐른다. 두 기단은 미국과 캐나다의 동부에서 만난다. 산지가 없어 장애가 되지 않 으므로 기단들이 서로 마주치면서 변화무쌍한 날씨를 나타낸다. 위도, 수륙 의 영향, 지형과 같은 지리적 영향 외에도 상이한 기단의 영향이 기후를 지 배한다. 미국과 캐나다 날씨의 대부분은 극에서 발생한 내륙기단(차고, 건조 하며 안정적인)과 열대 해양성 기단(덥고, 습하며 불안정한)의 대치에 의해 서 결정된다.

극 대기는 겨울에 남쪽으로 깊이 내려오고 열대 대기는 여름에 북쪽으로 올라간다. 중위도에 있는 탁월풍은 북아메리카 대륙에 걸쳐서 날씨체계가 동향으로 이동하게 한다. 따라서 미국과 캐나다의 동해안은 내륙의 대륙성 기후(Continental Climate)의 영향을 받는다. 기온의 계절적 차이는 동위도인 경우 뉴잉글랜드와 대서양에 면한 동해안 지역이 서해안지역보다 크다.

이러한 기후조건으로 미국과 캐나다의 동·서부의 지역적 유형이 달라진다. 동부는 기온이 주요한 요소이며 서부에서는 강수량 차이가 지배적이다. 동부의 기후유형을 이해하는 데는 기온과 위도가 중요하며, 서부의 기후유형은 강수량과 지형으로 이해해야 한다. 구체적으로 동부 기후지역은 작물생장 기간(growing season length), 하계최고기온(average summer maximum), 동계최저기온(winter minimum temperature)에 의해 세분된다.

기후지역 구분

현재 광범위하게 사용되는 구분체계는 독일의 식물학자이며 기후학자인 쾨펜(Köppen)이 주장한 것이다. 그는 기후구분에 주요 식생조합의 분포를 반영했다. 쾨펜의 기후구분은 식생에 관한 기온과 강수의 영향을 반영한다. 쾨펜은 연평균 기온과 월평균기온과 강수자료를 사용했다. 이는 단순히 위도에 따라 열대, 온대, 한대로 분리한 것과 다르다. 따라서 미국과 캐나다지역에서 쾨펜의 기후도와 식생도를 비교해 보면, 완전히 일치하지는 않지만 유형은 아주 유사하다.

4. 식생

극상(Climax)은 안정된 기후, 토양 조건하에서의 특정 장소에서 식생이 계속적으로 재생산되는 것이다. 북아메리카에서 식물학적인 극상의 개념은 의미가 없다. 지금은 인위적으로 식생이 상당히 제거되거나, 다시 배열되거나 이동되었기 때문이다. 현재 남동부 대부분의 지역에서 소나무가 자라는데 이는 혼합 활엽수와 침엽수보다 경제성이 크기 때문이다. 내륙 저지와 프레이리의 잔디는 유럽에서 수입한 것이다. 원래의 잔디는 동물의 퇴비로서 질이 떨어져 유럽과 아시아에서 수입한 잔디와 경쟁이 안 되었다. 미국과 캐나다의 식생극상은 서부와 북부의 산지에 일부 남아 있다. 벌채와 취락의 확장에 의해 자연 식생이 감소되고 있다.

대부분의 자연식생이 사라졌더라도 식생지역은 두 가지 이유에서 중요하다. 첫째로 식생성장에서 기후가 중요함은 기후지역과 식생지역이 유사 패턴을 보이는 데서 확인된다. 둘째로는 많은 변화에도 불구하고 현재의 식생패턴은 유럽인들이 이주하기 전의 식생패턴과 유사하다. 삼림으로 덮였던 지역은 현재도 대부분 나무가 자란다. 초지였던 곳은 아직도 나무가 적다.

식생지역구분

식생지역을 나누는 가장 쉬운 방법은 세 개의 범주인 삼림지, 초지, 관목지로 구분하는 것이다. 삼림지는 대부분의 동부산지, 중부와 북부 태평양해안, 서부의 고도가 높은 지역과 내륙 북부지역이다. 태평양연안, 북부와 남부의 내륙은 침엽수림이다. 그중 오하이오와 미시시피하곡의 오대호지역은 활엽수림지역이다. 활엽수와 침엽수 분포지역 사이에 혼합림이 있다.

초지

내륙저지의 대부분은 초지이다. 구체적으로 텍사스와 뉴멕시코에서 중부 앨버타와 사스치완에 이르는 대평원은 초지이다. 아습윤기후(sub - humid)로 강수의 양이 수목성장에는 충분하지 않아 동부로 확장되는 초지는 프레이리로 일리노이를 거쳐 인디애나까지 연장된다. 학자들은 인디언들이 산불을 일으켜 버펄로 방목을 한 것이 동부로 초지가 확장되는 데 주요한 영향을 하였을 것으로 추정한다.

관목지

관목은 건조한 조건에서 잘 자란다. 미국의 서부내륙 저지와 캐나다의 일부 지역에서 자란다. 관목식생은 선인장(남서부), 떡갈나무(남부 캘리포니아) 가시콩과 관목(텍사스)을 포함한다. 관목이 연약한 초지를 파괴하면서 남서부에서 확장되고 있다.

툰드라와 수목한계선

대륙 북부에는 아주 춥고 건조하여 툰드라가 자란다. 툰드라는 이끼와 지의류가 지배적이다. 미국에서는 고도가 높은 곳에 툰드라가 소규모로 나타난다. 충분한 습기가 있으나 수목성장이 가능하지 않은 고도를 수목한계선

이라 한다. 북부로 이동하면서 수목한계선은 낮은 고도에서 나타난다. 수목
한계선은 고도보다는 위도에 의해서 결정된다.

수목한계선

지명	위도(N)	고도(m)
올림픽 산지, 워싱턴 주	47	1,500
뉴햄프셔	44	1,158
와이오밍	43	3,000
요세미티	38	3,200
하와이	20	2,800

5. 토양

토양은 풍화된 암석물질(무기물)과 유기물의 혼합이며, 그 특성은 모암,
기후, 지형, 경사와 층의 안정성(시간)에 의해 결정된다. 토양형은 이러한 요
소들의 상호작용이다. 각 토양이 색, 입자의 구성, 유기물 혼합 등의 특성
면에서 다양하지만 토양지역은 유기물과 토양 콜로이드의 양에 의해서 구
분된다.

조지아의 적색 점토와 마니토바 레드 강의 흑토 등은 가장 뚜렷한 특성의
토양이다. 짙은 색은 대체로 유기물이 많으며 적색은 철 화합물이 많음을
의미한다. 일반적으로 토색(Soil Color)은 토양 형성 작용과 연관된다. 예를 들
면 북부의 침엽수림에는 회색토(grey soil)가 있는데 유기물과 무기물이 토양
의 표층에서 용탈(leaching)되었음을 의미한다.

토성

    토성(soil texture)은 모래, 점토, 실트의 구성비이며 대체로 기반암의 특성에 따라 결정된다. 입자의 크기로 볼 때 모래는 조립질이며 실트는 중간이고 점토는 미립질이다. 토성은 토양이 토양수(Soil Water)를 유지하거나 전달하는 과정에 결정적이다. 토양이 모래, 점토, 실트가 적절히 혼합된 것은 농경에 적당하며 이를 양토(Loam)라 한다. 양토는 습기를 유지할 수 있는 토성을 가지며 또한 식생이 수분을 이용하기에 적절하다.

콜로이드

    콜로이드도 토양 특성에서 중요하다. 콜로이드는 미립자의 음이온으로 양이온인 질소, 인산 등을 끌어 토양의 생산성을 결정한다. 토양산도(Soil Acidity)는 토양콜로이드의 변형과 혼합에서 결정된다. 산도는 산성, 중성, 알칼리성으로 분류된다. 습윤기후지역은 산성토양이, 건조한 지역에서는 알칼리성 토양이 전형적이다. 미국과 캐나다 동부농업지대의 토양은 산성이 강해 작물의 생산성이 낮아질 수 있다.

    토양은 장기간 한 장소에서 발달하면서 층이 나타나 토층(Soil horizon)이라 한다. 가장 위는 A층으로 콜로이드, 화학적 복합물과 다른 물질들이 용탈에 의해서 제거되는 층이다. 적색점토는 미국 남부 산지에서 나타나는데 철분 외의 색상을 가진 물질이 강수에 의해서 A층에서 제거되어 색이 엷다. B층은 다음의 층이며 A층에서 용탈된 물질이 축적된다. 습윤지역에서 낙엽 등의 지표 유기물이 부식되는 곳에는 유기물이 첨가되는 O층이 있다.

토양분류

토양학자들은 대체로 토양이 어떻게 형성되었는지에 관심을 두고 토양을 분류한다. 미국에서 주로 통용되는 분류체계는 농무성의 USD 체계이다.

제7차 분류는 특정 환경적 조건에서 형성된 토양층에 기초하여 분류한다. 분포면적이 넓으며 비생산적인 토양은 아리디솔(aridisols), 스포드솔(spodosols), 툰드라토(tundra soils)와 고지 토양이다. 아리디솔(aridisols)은 건조하다는 어원에서 온다. 건조기후토양은 유기물이 적고 농경에 적절치 않다. 스포드솔(spodosols)은 대개 서늘하고 습한 기후에서 발달한다. 캐나다와 미국에서 스포드솔(spodosols)은 북부 침엽수림 토양이다. 약간 산성이며 영양분이 적고 감자나 블루베리 경작에 적절하다. 툰드라토양은 춥고 습한 기후와 관련이 있다. 토양층이 얇고 물로 채워져 있다. 툰드라토양은 고지와 험한 산지에 나타나며, 거의 토양층이 발달되지 않고 농경에도 적절치 않다.

생산적이고 광범위하게 분포하는 토양은 몰리솔(Mollisols), 알피솔(Alfisols), 얼티솔(Ultisols)이다. 몰리솔(Mollisols)은 반건조이거나 아습윤기후의 중위도 초지에서 나타난다. 이는 두껍고 진한 흑갈색 A, B층과 높은 영양성분, 느슨한 구조가 특징적이다. 세계에서 가장 비옥한 토양이며 곡물생산에 적절하다.

알피솔(Alfisols)은 몰리솔 다음으로 농경에 적절하다. 중위도 삼림의 토양이며 삼림과 초지경계에 나타난다. 알피솔은 기후적 의미에서 중간 토양이

그림 32 몰리솔

며 점토입자가 B층에 집적될 수 있을 정도로 습한 지역에서 나타난다. 그러나 아주 용탈이 심한 습윤지역에는 분포하지 않는다.

분포에 기초하여 알피솔은 4개의 소분류로 나뉜다. 보랄프(Boralf)는 극지의 침엽수토양으로 중부 캐나다에 분포하며, 대체로 얇고 산성이며 농업잠재력이 있다. 우달프(Udalf)는 활엽수림에 분포하며 미국 중서부와 남부 온타리오에서 발견된다. 약간 산성이며 라임을 첨가하면 생산성이 증가한다. 우달프(Udalf)는 계절적으로 강수량이 다르고 온도가 높은 지역에서 발견된다. 미국에서 텍사스와 오클라호마에 많이 분포하며 관개가 되면 아주 생산성이 높은 토양이 된다. 제랄프(xeralf)는 아주 생산적인 토양이다. 지중해성 기후지역인 중부와 남부 캘리포니아에 나타난다.

미국에서 토양형성과 풍화의 마지막 단계를 나타내는 울티솔(Ultisols)은 강수량이 많고 무상 기간이 긴 지역에 분포한다. 울티솔(Ultisols)의 입자는 작으며 용해된 물질과 점토가 A층에서 아래로 이동되었다. 이 토양은 생산성이 높으나 높은 산도와 용탈과 침식의 문제가 있다.

마지막으로 엔티솔(Entisols)은 최근에 형성되어 토양층이 안정되지 않은 토양이다.

6. 지하자원

중공업에 필요한 자원의 분포는 지하에 있는 암석 구조와 관계가 있다. 퇴적암과 변성암 지역은 화강암보다 유용한 지하자원을 보유한다.

연료

3억 년 전 석탄기에 예외적인 조건하에서 퇴적암이 형성되었다. 습지에 밀집한 식생이 부식된 유기물층을 생성하고 유기물층은 침수되어 다시 퇴적물로 덮이게 되었다. 어떤 지역은 유기물이 액체형상으로 변화되고 불투수층 사이에 갇히게 되어 원유가 되었다. 대부분의 석유는 이 시기에 부산물인 천연가스와 함께 발견된다. 또한 유기물은 수십 피트의 석탄층이 되기도 했다.

북아메리카에는 석탄기 동안에 형성된 층이 넓게 분포한다. 이 지역에서는 석탄, 석유, 천연가스가 발견된다. 내륙저지와 대평원, 걸프 만의 해안저지와 극지와 애팔래치아의 서부 지역과 로키의 동부지역 등이다.

대규모의 지하자원매장은 퇴적암저지에서 발견되었다. 가장 중요한 석탄매장지는 애팔래치아 산지이다. 지형은 불규칙하나 광맥은 쉽게 발견된다. 대부분의 애팔래치아 석탄광맥은 30㎝에서 3m의 두께이며 지표에 아주 가깝게 분포한다. 초기에는 동부 켄터키, 서부 버지니아와 서부 펜실베이니아에서 생산되었고 미국 내 석탄수요의 반 이상을 공급한다. 매장량은 미국 총 매장량의 20%에 이른다.

최근까지 채굴된 석탄의 대부분은 동부의 내륙지방에서 채굴되었다. 대규모의 석탄광은 일리노이와 서부인디애나, 서부켄터키까지 연장된다. 동부내륙의 석탄은 철광생산에 사용된다. 동부내륙에서 생산되는 석탄은 유황성분을 함유하여, 태우면서 나오는 황산화물이 대기오염의 문제를 발생시켰다. 황산화물은 물에 녹아 황산으로 변화된다. 황산화물에 의한 산성비는 캐나다와 미국 북동부의 호수 수질을 악화시켰다.

석탄수요를 만족시키면서 산성비 문제를 완화하기 위해 유황성분이 많은 동부 탄광에서 서부지역으로 이동했다. 서부내륙 광산도 동부내륙만큼 규모가 크다. 서부내륙 광산은 동부보다 질이 떨어지며 최근에 채굴되기 시작했다. 로키산맥을 따라 대규모 석탄광산이 있으며 지난 수십 년간 와이오밍과 몬태나에서 석탄을 생산했다. 와이오밍은 미국 석탄생산을 이끈다. 북부대평원과 캐나다의 서부 프레이리에도 갈탄광산이 넓게 분포한다.

석유와 천연가스는 기원은 유사하지만 석탄처럼 형성되지 않는다. 이러한 자원의 분포는 중복된다. 석유와 천연가스는 애팔래치아 석탄광산에 흩어져 있다. 펜실베이니아의 티투스빌은 미국의 최초의 상업적 유전이다. 남부 일리노이와 남부 미시간, 대평원북부, 북부 로키에서도 석유가 생산된다.

가장 중요한 유전지대는 남부 해안저지의 걸프 만 연안과 남부 캘리포니아지역이다. 유정(oil wells)이 밀집한 곳은 텍사스, 루이지애나 해안을 따라 위치한다. 다음으로 중부 캔자스, 오클라호마, 중부텍사스와 뉴멕시코로 이어진다. 이 외에도 중요한 유전은 동부 텍사스와 북서 텍사스 지역이다. 1960년대 중반부터 북부 알래스카와 캐나다의 극지방에서 석유와 천연가스 개발이 시작되었고, 앨버타의 상당한 매장량은 앨버타 주의 발전에 기여했다.

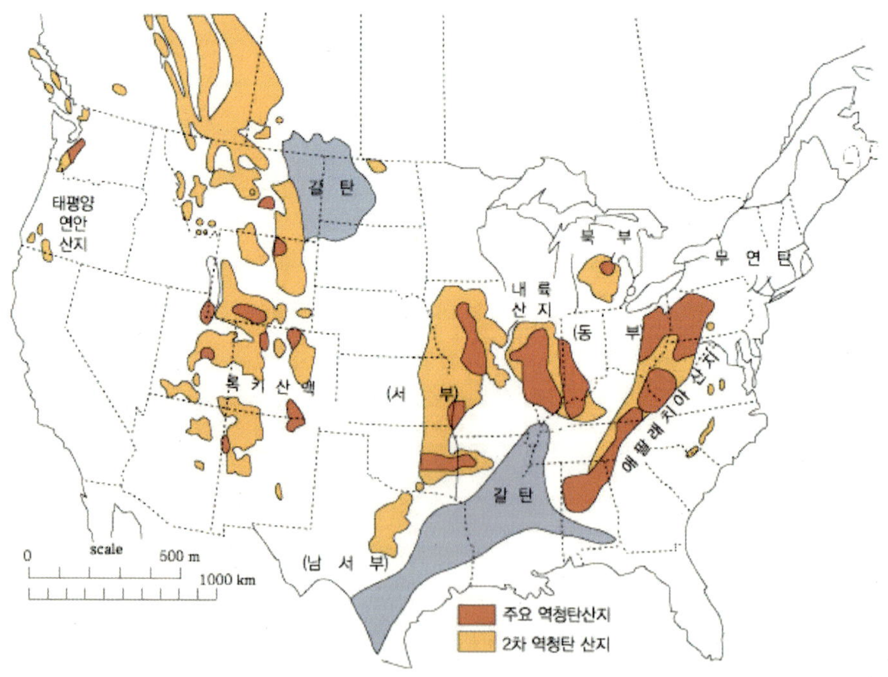

그림 33 미국과 캐나다의 석탄 매장지

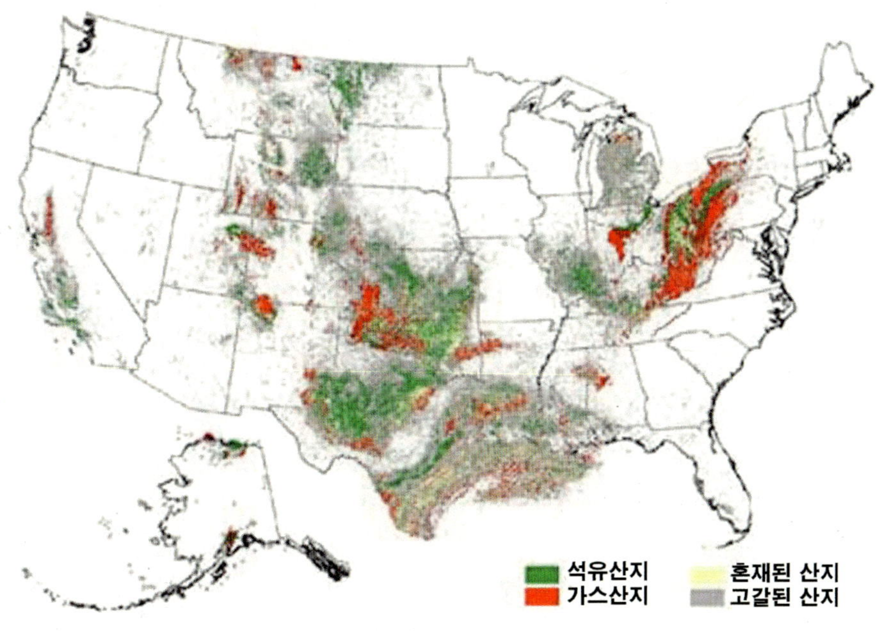

그림 34 미국의 석유, 가스 산지

금속광물

변성암은 지각에 있는 암석 위로 엄청난 압력이 가해지면서 형성되었다. 이전에 형성된 암석의 내부구조는 이 과정에서 변형된다. 수천 년 동안 큰 압력과 발생되는 열이 암석의 분자구조를 변형시킨다. 경제적 가치가 있는 금속광물은 대부분 변성암 지역에 있다. 금속광물의 주요 광산은 변성암 지역인 캐나디언 순상지, 애팔래치아 산지, 그리고 서부산지에 위치한다.

캐나디언 순상지: 초기에는 금속광물 광산이 순상지의 끝에 위치했다. 자원생산은 대서양 북부에서 세인트로렌스 하구로 연장되고, 오대호를 건너서 북으로 북극해에 이르렀다. 광산으로는 퀘벡의 래브라도 경계의 철광산지 번트크릭과 셰퍼빌, 퀘벡-온타리오 경계의 니켈 산지인 서드베리를 포함해서 퀘벡, 온타리오의 코발트, 퀘벡의 발도르(금의 계곡) 등이다. 수피리어 호의 양안을 따라 북부 미시간, 위스콘신과 미네소타는 구리와 철광이 발견되고 온타리오에는 스팁 록 철광이 있다. 그 외에도 플린플론 북부(구리, 납, 아연) 우라늄시티, 옐로나이프의 금, 코퍼마인의 구리 등이 있다. 최근에 순상지 내륙의 지하자원광산이 개발되기 시작했다.

애팔래치아산지: 좁고 긴 변성암밴드는 금속 자원으로 중요하다. 대부분의 작은 광산은 수요가 증가하면서 고갈되고 수송 조건이 개선되면서 동부에서 더 먼 광산으로 이전되었다. 동부의 광물은 미국 초기 산업성장에 중요했다.

서부산지 광산: 금과 은산지가 멕시코국경의 남쪽에서부터 알래스카 중앙부까지 흩어져 있다. 구리, 아연, 납과 폴리브덴은 상당히 산업적 중요성을 가진다. 우라늄은 서부지역에서 발견된다. 그 외에 주요 광물은 텅스텐, 크롬미트, 망간 등이며 소규모로 개발되었다. 이러한 자원의 다양성은 미국과 캐나다의 거대 산업경제를 발전시켰다. 대륙의 변성암지역에서 발견되는 지하자원만으로는 미국과 개나다의 산업에 필요한 수요를 충족시키지 못하여 수입한다. 하지만 미국에 있는 지하자원과 금속광물의 다양성과 양에 근접하는 국가는 없다. 따라서 미국과 캐나다 제조업의 발전에 풍부한 광물자원은 많은 기여를 했다.

II.
메갈로폴리스

1961년 프랑스 지리학자 진 코트만은 '미국 북동부에 위치한 특별한 지역'이라는 제목의 연구를 발표했다. 고트만은 이전에 보지 못했던 대규모의 도시지역이 남부 뉴햄프셔에서 워싱턴까지 이어진다고 서술했다. 이러한 도시지역이 세계의 다른 지역에서도 유사하게 나타날 수 있으며 이를 메갈로폴리스라고 명명했다.

메갈로폴리스는 미국 북동부 해안을 따라 보스턴, 뉴욕, 필라델피아, 볼티모어, 워싱턴 등의 도시가 성장하면서 그 성장의 효과가 주위의 작은 지역으로 확산된 결과이다. 근처의 교외지역도 성장하고 도시 확산에 따라 전원지역이 도시경관으로 변형되었다. 점차로 확산되는 대도시 지역은 광범위하면서 중심지가 많은 메갈로폴리스로 병합되었다.

메갈로폴리스의 주요 주제는 도시이다. 도시에서는 수백만의 주민에게 시설과 화재, 경찰보호와 같은 도시 서비스가 제공된다. 밀집된 가로와 빌딩, 산업시설, 도소매업과 정부건물들이 근거리에 입지한다. 보스턴과 워싱턴 사이의 95번 고속도로로 연결되는 500마일을 따라 건물과 시설들이 나타난다. 사무실과 아파트빌딩과 상점과 대형 쇼핑센터, 공장, 정유소, 대규모 주거지, 주유소, 패스트푸드 상점 등이 나타난다. 그러나 메갈로폴리스는 주요 교통망에 의해서 연결된 도시의 집합만은 아니다. 그것은 공원, 농지와 함께 레저를 위한 공간도 포함한다. 메갈로폴리스 내에는 농지가 있으며 1992년 당시 농지 면적이 21.4%를 차지했다(1959년 당시 37.7%). 따라서 메갈로폴리스는 복합지역이다. 즉 작은 도시와 농촌이 도시주변에 있는 복합지역이다.

고트만은 좁은 지역에 인구와 활동과 부(wealth)가 잘 조직된 곳이 도시라는 관념을 버려야 한다고 주장하며 모든 도시는 핵심지를 중심으로 주변의 비도시적인 지역과 분리되며 넓게 확장된다는 것이다.

메갈로폴리스의 특성 중에서 중요한 것은 미국의 대규모 도시들이 있다는 것이다. 1990년 당시 46개의 메트로폴리탄 지역의 10개는 인구가 100만 이상이 메갈로폴리스에 위치한다. 고트만에 의해서 정의된 메갈로폴리스의 카운티들은 1990년 인구는 43,409,334명이며 여기서 6개의 가장 큰 메트로폴리탄 지역에 살고 있다. 이 지역은 미국 국토 면적의 1.5%지만 미국 인구의 17%가 넘는다.

메갈로폴리스의 대표적 특징은 인구의 수가 아니다. 이 지역 특징 중의 하나는 평균소득이 높다는 것이다. 1991년에 2,100만 이상이 메갈로폴리스에서 고용되었다. 화이트칼라와 전문직의 소득이 미국 전 지역 평균보다 높다. 교통과 통신활동 조건은 아주 좋다. 해안에 위치하여 미국과 캐나다에서 수출되는 상품의 1/6이 메갈로폴리스의 6개의 주요 항구를 통해서 교역된다. 메갈로폴리스 지역은 북미의 다른 지역보다 빠르게 성장하며, 계속 성장한다.

1. 메갈로폴리스의 입지

메갈로폴리스는 북아메리카에 유일하다. 이 특별한 지역은 어떠한 특성을 가지는가?

먼저 지역의 입지를 먼저 고려해야 한다. 메갈로폴리스의 어떠한 특징이 이러한 거대한 도시복합체를 만들었는가?

메갈로폴리스의 위치특성 – 해안입지와 접근성

장소의 위치특성은 입지의 자연조건에 관한 측면이다. 메갈로폴리스의 특성은 해안선이 복잡한 동부해안에 위치한다. 만과 하구가 해안을 따라 나타나고 이는 바다에 접근할 수 있는 육지의 면적을 늘리며 수송비를 낮출 수 있다. 해안이 직선인 경우에 비해서 해안선의 굴곡이 심한 것이 도시 성장에 중요했다.

접근성은 실제로 한 장소에서 다른 장소로 갈 수 있는 능력이다. 이는 조건이 양호한 항구가 존재함을 의미하고 메갈로폴리스는 북미에서 가장 좋은 조건을 가진 항구를 가진다. 보스턴, 뉴욕, 볼티모어 프로비던스, 로드아일랜드 등은 아주 좋은 항구이며 서로 인접해 있다. 필라델피아는 델라웨어 강에 접하여 엄밀히 보면 바다에 인접한 항구는 아니다. 그러나 계속적으로 준설함으로써 항구가 바다에 접할 수 있게 되었다. 수많은 소규모 항구인 뉴헤븐, 그로톤, 코네티컷, 뉴베드포드, 매사추세츠 포츠모스 뉴햄프셔 등이 메갈로폴리스 해안을 따라 위치한다. 이 항구들은 유럽에서 이주 정착한 사람들에게 육지와 물의 경계를 건너 풍부한 재화를 공급 할 수 있었다.

2. 빙하와 항구

좋은 항구가 서로 가까이 위치하는 것이 우연은 아니다. 플라이스토신 시기에 북부 메갈로폴리스는 빙하로 덮였다. 마지막 빙하기는 메갈로폴리스에 좋은 항구가 발달되도록 했다. 해수면이 상당히 낮았고 많은 물이 빙하와 함께 얼었다. 빙하가 녹기 시작하면서 하천을 따라 흐르고 하천의 침식력은 해안평야를 침식하고 실트와 자갈이 포함된 물이 해안평야를 흘렀다. 해수면이 올라가면서 해안선은 내륙으로 이동하고 하곡은 하구가 되었다. 체사피크만과 델라웨어만은 서스쿠에나와 델라웨어 강의 익곡이다. 빙하에 의한 하곡은 빙하의 녹은 물에 의해서 깊게 파여서 좋은 항구가 될 수 있었다.

롱아일랜드는 빙하 퇴적으로 만들어진 지역이었다. 이는 뉴욕 항구발달을 도왔다. 첫째로 롱아일랜드는 허드슨 강에 의해서 형성된 하구를 막지 않았다. 이 특징은 항구시설로 사용할 수 있는 해안선을 늘리고, 또한 도시 성장에 필요한 좋은 토지를 제공하며 항구로서 뉴욕의 발전에 도움이 되었다. 또한 롱아일랜드는 도시가 동쪽으로 확장될 수 있는 많은 공간을 제공했다. 뉴욕 항과 뉴욕시는 롱아일랜드와 그 주변으로 개발되었다.

3. 폭포선도시들

　메갈로폴리스의 항구발달 조건 외에도 도시경제개발에 도움이 되는 입지특성이 있다. 대서양 해안에서 내륙으로 여행하면 특징적인 지형이 연속적으로 나타난다. 아주 평평한 해안평야가 나타나고 기복이 있는 경관인 피에드몬트와 서부로는 애팔래치아의 산지지형이 나타난다.

　피에드몬트와 해안평야 사이의 간격이 메갈로폴리스 개발에 도움이 되었다. 피에드몬트의 불규칙하게 나타나는 기복은 매우 침식에 강한 오래된 암석으로 덮여 있다. 따라서 피에드몬트로 흐르는 강은 빠르고 짧은 폭포형태이다.

　이러한 폭포가 지형경계를 따라서 발견되어 폭포선이라고 명명했다.

　초기 유럽 정착인들은 폭포선이 수로항해에 방해가 된다고 여겼으나 한편으로는 수력발전을 가능하게 했다. 이를 따라서 취락이 발달했고 내륙까지 확대되고 해양으로의 수로에 연결되었다. 게다가 폭포선이 수로의 시작지점으로 폭포선에서 재화를 내려서 다른 교통수단으로 이동되었다. 수송자들은 부피가 큰 화물을 작은 화물로 나누는 것이 유리하다는 것을 알았다. 수송업자들은 내륙에서 재화를 폭포선까지 가져와 화물들을 나누고 합치는 작업을 했다. 또는 제조업이 폭포선 가까이서 이루어졌다. 이리하여 부피를 작게 하는 장소로서 가동되면서 도시성장을 가져올 수 있었다. 메갈로폴리스 안에서 폭포선도시들은 워싱턴, 볼티모어, 필라델피아와 트렌턴 등으로 피에드몬트와 해안평야의 경계를 나타낸다. 메트로폴리탄 도시 중에서 뉴욕만이 빙하로 침식된 허드슨 강을 통하여 폭포선 외곽에서 수로에 접하는 도시였다.

벌 몬 트 주
뉴 햄 프 셔 주
메 인 주
메사추세츠 주
뉴 욕 주
케네티커트 주
로드
아일랜드 주
펜 실 베 니 아 주
뉴헤븐
브리지포트
스탬포드
패터슨
뉴워크
뉴욕
대
서
양
필라델피아
캠덴
뉴저지 주
메릴랜드 주
볼티모어
워싱톤 DC
델리웨어 주
버지니아 주

그림 35 폭포선 도시들

4. 메가로 폴리스의 상대적 입지 특성(situation)

메가로 폴리스 지역에 관해 다른 지역과의 상대적 입지 측면을 고려하면 유럽과의 관계가 중요하다. 뉴잉글랜드와 해안지역은 유럽과 신세계 사이에 무역선이 접근할 수 있었다. 중요한 입지 요인은 북미의 이 지역이 유럽과 카리브 해와 남부의 플란테이션 사이의 해양루트에 가장 가깝다는 것이다. 북대서양의 지도를 보면 카리브 해와 영국 사이의 대권선(great circle) 위에 메갈로폴리스의 해안지역과 뉴잉글랜드 도시들이 위치한다. 탁월풍과 해류는 이 해양루트의 발달을 도왔다. 18세기와 19세기 동안에 메갈로폴리스 내에서 성장한 항구도시는 해양을 가로질러 유럽으로 확장되는 무역 확대에 기여했다.

뉴욕, 보스턴과 다른 항구에 배들이 멈추었다. 소비자와 제조업을 위해 일부 재화가 구매되어 가공되고 다른 지역에서 필요한 재화가 항구도시에서 판매된다. 예를 들면 카리브 해에서 온 설탕과 당즙이 럼으로 증류되고 남 캐롤라이나에서 온 면화가 섬유로 짜인다. 해상무역에서의 수익으로 조선업의 성장이 촉진되고, 조선업은 삼림자원의 개발을 유도하며 초기성장에 기여했다.

5. 중심도시의 성장 – 볼티모어, 필라델피아, 보스턴, 뉴욕

메갈로폴리스의 성장에는 중심도시가 중요했다. 필라델피아와 볼티모어의 성장에는 농업이 기여했으나 보스턴은 어업과 조선업이 성장을 주도했다. 뉴저지의 남서부와 남동부 펜실베이니아, 북부메릴랜드와 델라웨어, 버지니아 반도는 토양이 양호하다. 따라서 농업에 유리하고 필라델피아와 볼티모어는 농업을 기반으로 한 중심도시가 될 수 있었다. 한편 뉴잉글랜드지역은 토양이 얕고 바위가 많고 구릉지여서 농경지로서 좋지 않았다. 뉴잉글랜드에서 해안과 남부 체사피크만의 뱅크에는 어업기지가 있었으며, 소나무 경재가 조선업을 위해 사용되었다. 자연스럽게 보스턴에서는 어업과 조선업이 성장할 수 있었다.

뉴욕의 성장에는 대륙 내부로의 접근성이 중요했다. 뉴욕의 농업자원은 필라델피아나 볼티모어만큼은 아니지만 보스턴보다 좋았다. 롱아일랜드는 농경을 위한 좋은 경지였다. 뉴욕이 유리한 점은 애팔래치아산맥에서 내륙으로 통하는 자연적 루트의 출발점에 위치한다는 것이다. 허드슨, 모하크 강은 나중에 이리운하와 철도로 연결되고 고속도로가 증가하면서 오대호 수로로 연결될 수 있었다. 더구나 오대호는 대륙 내부 지역으로의 연결통로가 되었다. 18세기에 내륙지역에서 인구와 경제활동이 증가하자, 많은 재화가 세인트루이스와 뉴올리언스까지 수로로(미시시피 강) 운반되면서 내륙지역과 메갈로폴리스의 도시들이 연결되었다.

6. 대륙의 중심점

　　메갈로폴리스와 주요 도시들은 성장할 수 있는 특징이 있다. 어떠한 도시도 가장 기본적 자원으로 여겨지는 고품질의 농지와 지하자원은 없어도 '접근성 자원'을 가진다. 이 자원은 장소의 자연적 특징에서 생긴다. 접근성 자원은 위치와 입지특성을 합한 것이다. 좋은 항구와 내륙으로의 연결경로, 교역을 하는 지역 사이의 입지, 이러한 것이 접근성 자원이며 메트로폴리탄 중심지의 뚜렷한 특징이다.

　　식민지시대에는 유럽, 카리브 해, 북미 동해안의 항구와 그 주변 도시에서

그림 36 시카고 ⓒwiki

교역이 증가했다. 소규모의 제조업이 볼티모어와 북부의 항구도시에서 일어났다. 이어서 제조업과 교역으로 성장이 계속되었다. 도시산업이 성장함으로써 노동의 수요가 증가했다. 이어서 북유럽 이민을 끌어들이고 농업인구가 도시로 유입되었다. 은행과 다른 재정기관들은 지역의 제조업과 교역에 대한 투자를 도왔다. 도시의 성장은 서비스 활동, 도소매업 교역정보의 축적으로 가능했다. 뉴욕, 필라델피아, 보스턴과 볼티모어 등이 가장 크게 성장한 항구도시이다.

보스턴

보스턴은 1750년까지 메트로폴리탄의 가장 큰 도시로서 성장했다. 유리한 점은 초기 개발을 독점했다는 것이다. 특히 보스턴의 성장은 남부 뉴잉글랜드의 밀집된 정착 식민지의 근접성, 유럽기지로의 쉬운 접근성, 조선 산업을 위한 자원에 의해 이루어졌다.

필라델피아와 뉴욕

필라델피아는 초기부터 배후지의 풍부한 농업적 잠재력이 개발을 촉진했다. 18세기 후반의 성장은 문화적, 정치적 활동이 도움이 되었다. 1760년경 필라델피아의 인구는 보스턴의 15,631명을 능가하는 18,756명이었다. 애팔래치아의 서부지역이 개발되기 시작하면서 뉴욕은 인구가 증가했으며 1756년 13,040명이다가 1810년에는 87,373명으로 다른 도시의 인구를 추월하기

그림 37 신시내티의 교외지역

시작했다. 이는 뉴욕이 가지는 위치적 이점과 탁월한 입지에 의한 인구증가이다.

메갈로폴리스 특징은 각 도시마다 위치와 입지의 유리한 조건이 있다는 것이다. 처음에는 4개의 대도시에서 나중에 워싱턴을 포함하는 5개의 대도시가 되었다. 결과적으로 약하거나 소규모인 도시지역은 강하고 더 큰 이웃에게 성장을 빼앗기는 도시집중도 나타났다. 그러나 19세기 국가의 성장이 아주 강해지면서 보스턴, 뉴욕, 필라델피아와 볼티모어 등의 항구들은 내륙과 항구의 연계로 경쟁도시에 성장을 빼앗기지 않고 계속 성장할 수 있었다.

도시가 성장하면서 원래 중요하던 지역자원은 덜 중요하게 되었다. 해외에서 재화, 사람, 아이디어가 메갈로폴리스로 흘러와서 흡수되고 내륙으로 보내지며 변화되었다.

7. 도시환경 The Urban Environment

메갈로폴리스는 복잡하게 연결되어 있는 응집된 지역이다.

메갈로폴리스의 지역을 유일하게 만드는 도시적 특성은 큰 빌딩, 복잡한 거리와 혼잡한 주거 빌딩과 산업시설 등이 극장과 심포니 오케스트라, 미술관과 도서관 등 문화활동을 누리는 시설과 같이 있다는 것이다. 또 다른 특성은 황폐한 구조, 교통 혼잡, 대기오염과 같은 것이다. 특히 이러한 특성들은 메갈로폴리스의 메트로폴리탄 중심에 나타난다.

도시적 특징은 미국, 캐나다와 세계의 다른 대도시 어디서나 발견된다. 메갈로폴리스의 특이한 측면은 도시성이 중심도시에서 멀리까지 확산되고 다른 도시와 병합되어 왔다는 것이다. 이 과정은 다른 어느 지역보다 메갈로폴리스에서 일찍 일어났다. 도시와 도시의 병합의 정도가 광범위하고 상대적으로 좁은 지리적 범위 안에서 많은 대도시가 포함되기 때문이다. 따라서 메갈로폴리스는 대규모의 도시문제가 나타나는 곳이기도 하다.

높은 인구밀도

　메갈로폴리스의 인구밀도는 1990년에 311명/㎢로 상당히 높다. 1960년도에 266명이었는데 그 이후에도 계속 인구밀도가 높다.

　메갈로폴리스 주변 카운티들의 인구밀도는 지역 평균의 10-20%이다. 도시 쪽으로 접근하면서 정주밀도가 증가하며 도심 가까이 이르면 아주 높은 밀도가 나타난다. 예를 들면 뉴욕에서 1996년 평균밀도는 23,280명/㎢이었다. 이러한 유형은 공간적 규칙성을 가지고 나타난다.

　대다수의 사람들이 아주 가까이 살면서 밀집된 인구가 주는 인구집중에서 나타나는 부정적 측면을 감내하기도 한다. 많은 도시인들은 도시 외곽지

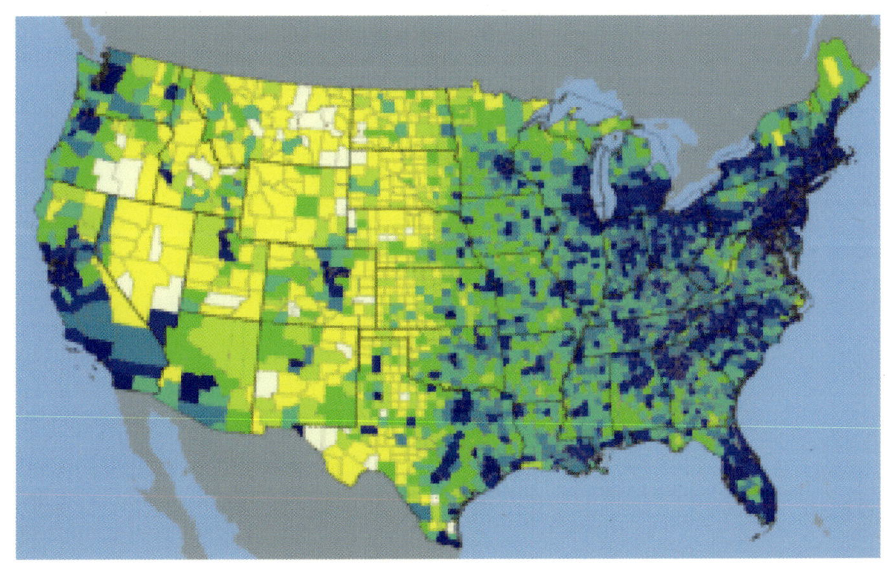

그림 38 인구밀도(미국 인구조사국, 2001)

역으로 주거지를 옮겨 도심의 번잡함을 피하려 한다. 다른 사람들은 좀 더
멀리 이동하여 교외에서도 더 이동하여 exurbia라고 부른다. 여가주택, 전원
주택의 소도시에서 일자리까지 멀리 여행한다. 그러나 교외로의 이주가 인
구집중에서 오는 문제를 줄이지 못한다. 늘어나는 메트로폴리탄 인구의 소
수만이 중심도시로 일하러 들어가게 되고 사람들을 위한 직장은 더욱 광범
위하게 분포하게 되었다. 인구의 퍼짐은 또 다른 문제를 야기했다.

8. 도시경관의 구성요소

상호작용

도시의 특징 중 하나는 공간적 상호작용이 좁은 공간 내에서 일어난다는
것이다. 일반적으로 어떤 상품의 비용은 이동되어야 하는 거리에 직접적으
로 비례한다. 즉 멀리 이동하면 비용이 많이 든다. 도시에서 활동이 모이면
이동비용은 최소화된다.

도시경관에는 이동의 흔적이 나타난다. 상호작용의 가시성은 상호 작용
하는 대상에 달려 있다. 인간이동을 위한 상호작용의 선은 거리, 지하철, 교
량, 터널, 인도, 주차장에서 보인다. 오래된 도시에서 다운타운은 인간의 움
직임이 도보로 마차가 끄는 수레에 의존할 때 형성되었다. 그러므로 이러한
도시 중심지의 35%만이 도로, 인도, 주차장으로 할당되었다. 새로운 도시에
서는 자동차의 등장으로 도로, 인도, 주차장 면적비중이 증가했다. 로스앤젤

레스의 예를 들면 도시 다운타운의 거의 2/3가 자동차 사용을 위해 할당되었다. 이렇게 많은 비중의 도시지역이 상호작용을 위해 할당되는 것은 도시에서 한 장소에서 다른 장소로의 이동성의 중요함을 의미한다.

다른 형태의 상호작용은 전화, 전보, 텔레타이프, 컴퓨터에 의해서 정보와 아이디어의 이동이며 잘 보이지는 않지만 중요하다. 오래전부터 전화선은 케이블로 지하에 설치되었다. 대도시의 중심지는 전화선이 거미줄처럼 연결되어 통신의 강도를 보여주었다. 현재 전화선은 가시적으로 보이는 경관이 아니지만 도시와 도시 간 정보의 흐름은 계속 증가했다.

사람의 이동과 아이디어와 정보의 이동은 도시 안에서 상호작용의 좋은 예다. 그러나 도시의 중심에서 집중된 이동이 여러 가지로 보인다. 도시 내에서 당연시 여겨지는 전기, 상·하수도, 폐기물 처리 등의 서비스이다. 도시주민의 밀도 때문에 폐기물의 양이 상당히 증가하기 전에는 동물에게 먹이거나 매립하거나 가까이에 버려졌다. 농촌에서는 개인의 하수탱크가 개별 가구의 하수를 안전하게 처리하기에 충분했다. 또한 각 세대는 우물을 가지고 있었다. 반면에 일반적으로 도시서비스에 해당되는 것들이 도시 외 지역으로까지 확대되었다. 1930년대 연방 농촌 전화법 발효 후 미국의 시골 지역에 전기가 공급되었다.

도시 내의 활동의 예는 도로포장 아래에 묻힌 수많은 유틸리티선에서 보인다. 30인치에 하나, 10인치 깊이에 두 개의 가스라인, 4피트 깊이의 수도 라인과 12인치의 상수도 선과 3.5피트 깊이의 하수도와 16개의 3.5인치의 전기선 등등. 이것은 하수, 상수, 가스, 소방을 위한 케이블, 경찰을 위한 케이블, 수송당국을 위한 케이블 등이다.

도시 내 상호활동의 강도는 활동의 밀도와 함께 다양성을 반영한다. 공간적으로 구별되는 입지 사이의 이동은 우연히 일어나지 않는다. 아마도 이동이 일어나는 중요한 요인은 공급과 수요가 지리적으로 분리되었다는 것이다. 이는 개체나 서비스가 그 필요를 충족시키지 못하는 위치에서 필요하다는 것이다. 이동은 비용이 수반된다. 상호작용은 그 결과로서 일어난다. 두개 혹은 그 이상의 장소에서 개체가 부족하여 다른 장소에서 구해질 수 있을 때 그것은 공간적 상호보완성을 가진다.

기능적 복합성

도시는 기능적 복합성을 가진 장소이다. 지리학자들이 기능이라고 부르는 많은 활동이 있다. 도시 지역 내에 어떤 것들은 모여 있고 다른 것들은 흩어져 있다. 도시에서 다양한 활동이 이루어지므로 상호작용은 기능들을 서로 자극하기도 한다. 여러 활동을 지도화하면 혼합된 토지이용으로 나타난다.

필라델피아에서 많은 토지 면적이 주거지와 상업지역, 제조업을 위해 이용된다. 해안에 면한 지역은 제조업 지역이다. 저비용의 수송여건과 국제 해양무역의 중심지로서의 필라델피아의 특성이 제조업의 발전을 이끌었다. 이 토지이용 유형은 도시의 다른 지역에 영향을 준다. 델라웨어 강을 따라 수변지역은 제조업지역이며 슈일킬 강의 하류에도 대규모의 제조업지역이 있다. 하지만 지난 수십 년간 제조업활동이 쇠퇴하여 회사들이 문을 닫거나 다른 곳으로 이전하였으나 토지이용유형은 남아 있다.

하나의 토지이용 유형 안에서도 다양한 기능이 나타난다. 필라델피아에서 중심지 지구에 상업기능, 행정, 교육, 의료서비스 기능 등이 분포한다. 소매와 도매상들이 도시의 북부와 서부에 위치하며 대형 쇼핑센터는 대형 보험회사의 본부와 같이 있으며 각각의 기능은 상호보완적이다. 다른 관련 기능으로 시정부와 고등교육기관, 주 병원, 카운티 감옥, 농장과 같은 다양한 기관들이 있다. 이러한 기능의 다양성은 서로 연결되고, 주민들과 사회경제적 그룹으로 나뉘어 또는 민족공동체와 상호 작용한다. 이러한 복합유형은 지역의 다른 주요 도시에서 반복된다.

공공서비스

도시경관의 특징은 밀집된 인구, 복잡한 기능혼합과 높은 상호작용이다. 인구와 도시 활동의 집중은 도시기능의 배열을 요구한다. 도시정부는 간접적 생산인 공공서비스 기능을 담당한다.

도시의 주거 지역은 주변보다 도심에 집중되어 있다. 서비스의 밀도도 도심에 가까울수록 좀 더 집중되었다. 도시가 제공하는 기능은 수도, 전기, 하수, 폐기물 수집, 경찰, 화재보호, 수송시설, 보건, 교육시설 등이다. 도시마다 이러한 서비스의 질적, 양적 다양성이 있다. 예를 들면 어떤 도시는 문화활동까지 연장된다. 최근에 몇몇 도시들은 공공서비스를 개인회사에게 넘겨서 지방정부는 도시예산을 줄이려 한다. 그러나 집중되거나 사유화되거나 도시서비스는 도시 주민들과 다양한 기능(기관, 회사, 등)에게 제공되어야 한다.

미국과 캐나다는 도시화율이 높아 많은 인구가 도시에 거주한다. 또한 공공서비스는 도시 경계 너머까지 확대된다. 카운티, 주 정부 등은 농촌지역에서도 공공서비스를 제공하려 한다(집중도는 낮지만). 도시주민들이 도시외곽으로 옮기면서 이러한 서비스를 정부의 책임으로 요구한다. 큰 도시에서 이러한 공공서비스는 아주 세분화되어서 도시를 관리한다. 1992년 현재 뉴욕의 경우 1,600개의 공공서비스 행정기관이 있다.

접근성과 그리드 패턴(격자형 도로)

도시경관에서 접근성이 높은 지역은 쉽게 관찰된다. 접근성은 도로, 교통시설 등의 공공서비스로서 만들어지고 유지된다. 또한 접근성은 토지이용의 공간적 배열에 의해서 형성되며, 기능 간 상호작용의 양과 관계가 있다. 어떤 장소의 접근성은 새로운 활동을 그 위치에 입지시키는 데 영향을 준다. 물론 제한적인 접근이 상호작용의 양을 제한시키기도 한다.

도시구조의 측면에서 접근성이 가장 주요한 사항은 아니다. 메갈로폴리스의 도시계획은 17세기-18세기 유럽에서 유행한 그리드 패턴을 따랐다. 그리드패턴은 뉴욕, 필라델피아, 볼티모어에서 적용되었고 워싱턴에서는 지역적인 지형에 따라 약간 변형되면서 적용되었다.

초기의 개발 기간에는 기능적 혼합과 상호작용이 지금보다 덜 집중되었다. 그리드 패턴은 가로 시스템에 의해서 불충분한 접근성이 나타나게 된다. 예를 들면 그리드는 많은 직각의 교차를 가진다. 흐름이 각 교차로에서 정지되므로 통행량이 많아지면 각 교차점에서 좀 더 오래 정지하게 된다. 1900년에 볼티모어와 보스턴은 인구 50만이 넘고, 필라델피아는 130만이 넘었으며 뉴욕은 350만에 다다랐다. 도심에서 자동차에 의한 교통체증이 나타나기 시작했다.

2차 대전 후 급격한 도시의 확장으로 자동차가 주요 이동수단이 되었다. 하나의 변화는 도시는 많은 노동력을 필요로 하고 그들은 도심에서 멀리 살게 되었으나, 대중교통을 공급하기에는 인구밀도가 낮아 경제성이 없었다. 또한 단거리 화물수송이 철도에서 도로수송으로 급격히 변화되었다. 교통계획가들은 환상, 링 고속도로와 제한적 접근 고속도로를 건설함으로써 이에 대응했다(그림 39). 그들의 목표는 지역적 이동을 분화하고 도시를 통과하는 교통량과 시내교통을 분리하려는 것이다. 이러한 변화는 부분적으로 성공하였으나 도시 중심 안에서의 접근교통량과 도시와 외곽 사이의 교통량을 증가시켰다. 계속적으로 고속도로 유형과 가로의 유형이 보다 복잡해지고 관리하기 어려워졌다.

9. 메갈로폴리스의 변화

필라델피아나 뉴욕에 새로운 주민들이 매년 수만 명씩 늘어난다. 더 많은 수가 다른 도시로 떠나거나 대도시 주변으로 이동한다. 이러한 밀물과 썰물의 효과로 기존 구조는 파괴되고 새로운 구조가 만들어진다. 도시경관은 도시기능의 강도와 복잡성에 의해서 계속 변화할 수 있다. 도로망이 변화되고 기능의 유형(토지이용)이 변화되고, 사람들의 흐름과 재화와 아이디어가 새로운 모자이크를 만든다.

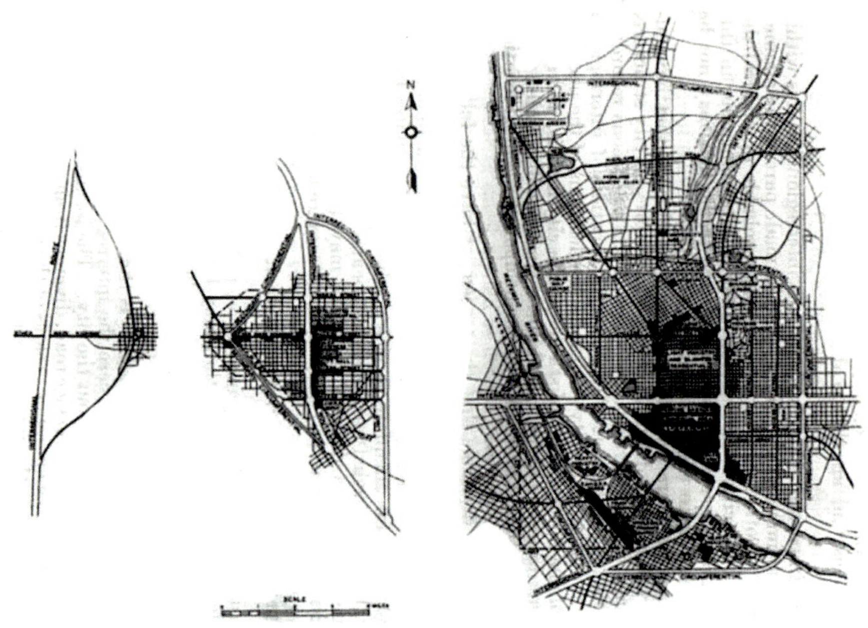

그림 39 도시고속도로(**www.fhwa.dot.gov**)

메갈로폴리스의 변화 유형

아마도 2차 대전 후 일어난 가장 근본적인 변화는 주요 메트로폴리탄지역의 확장이다. 대뉴욕은 경제 집중도가 높아지고 인구가 증가되었다. 보스턴, 필라델피아, 볼티모어도 성장했다. 연방정부가 갑자기 그 역할을 확대하면서 워싱톤도 성장했다. 컬럼비아 구(District of Columbia)로는 늘어나는 사람들이 먹고 입고 서비스하기에 충분하지 않았고 결과적으로 도시개발은 버지니아 주와 메릴랜드 주로 확장되었다.

토지의 변화

도시인구의 확장은 도시경계 너머로 이주를 초래해 농촌활동에 강한 영향을 준다. 메갈로폴리스의 도시화되지 않고 도시를 둘러싼 농촌 지역은 도시의 영향을 받는다. 즉 토지이용과 토지가치에 영향을 준다.

도시인구가 성장하면서 많은 사람들이 농업생산에 직접적으로 참가하지 않더라도 농촌지역에서 생산된 식품을 소비하게 된다. 이러한 도시에 가까운 농촌의 농업은 고가의 농산물과 상하기 쉬운 농산물을 생산하는 방식으로 특화된다. 낙농제품, 토마토, 야채, 사과 등 집약적으로 재배된 작물 등이 메갈로폴리스 내의 농업생산을 주도한다.

확대되는 도시화의 2차 영향은 지가의 변화에 따라 경작물과 경작방법이 변화되는 것이다. 도시경계에서 농경보다 더 집약적인 토지사용에 의해서 지가가 오르게 된다. 1920년대와 1930년대에 에이커당 수백 달러였으나 가격이 몇 배 뛰었다. 예를 들면 125에이커 농장이 10년 전에 2만 달러였는데 농지가 부동산개발업자에게 200만 달러 이상으로 팔린다. 개발업자는 토지를 0.5에이커씩 250개의 주거용지로 나누어 시설과 도로를 건설하고 각 토지를 4만 달러씩 1,000만 달러를 주고 판다. 이러한 과정에서 농가는 이익을 보지 않으려 해도 인접 토지가 도시 수준으로 올랐으므로 세금이 상승하게 된다. 농부 가족들이 농업을 계속하려면 집약적 농업과 고가의 농산물을 생산해야 한다.

도시 확장과 농업의 변화는 도시접근이 가능한 주요 선을 따라 이루어진다. 메갈로폴리스의 도시 사이에서 많은 교통 흐름이 일어난다. 각 중심지는 경쟁과 보완을 통해서 다른 중심지의 성장을 자극했다. 교통과 통신선은 상호작용에 필요하다. 도시 안에서 대부분 시민들이 그들의 주거지를 변경할 때 일자리에서 쉽게 접근할 수 있는 장소를 선택한다. 환상 고속도로와 도시 내 철도와 간선도로를 따라 메트로폴리탄 인구가 확산된다.

인구구성의 변화

도시지역의 인구가 증가하면서 인구의 구성이 변화한다. 1910년 이전에는 메갈로폴리스의 도시는 많은 유럽 이민자를 흡수했다. 1840년대와 1850년대에는 북부와 서부유럽에서 이민자가 도착했으며 70%는 아일랜드와 독일에서 왔다. 19세기의 후반에는 유럽에서 이탈리아인, 폴란드인, 러시아인, 오스트리아인, 헝가리인과 다른 민족들이 작은 그룹으로 가족단위로 도착했다. 이 이민자들은 뉴욕과 같은 한두 개의 메트로폴리탄 항구를 통과했다. 그들은 계속 서부 농업지대로 가거나, 중서부와 대평원의 도시로 가지 않으면 메갈로폴리스의 도시 안에 정착했다. 그들은 종족 공동체를 형성하여 새로운 이주자들에게 문화적 언어적 지원을 제공했는데, 이러한 공동체는 현재에도 눈에 띄는 사회적 연대를 가지고 있다.

1차 대전이 유럽에서 일어나자 이민자의 흐름은 멈추고, 새로운 이민자가 메갈로폴리스를 차지했다. 1910년 이후 아프리칸 아메리칸 들이 남부에서 성장하기 시작하고 도시지역 안에 정착하기 시작했다. 인구이동이 계속되었고 주거 밀도가 증가하면서 외부로 확산되었다.

흑인인구의 도시정착은 도시 내에서 종족에 의한, 인종적 사회경제적 분화를 증가시켰다. 인구가 증가하면서 연봉이 높은 직장인과 다수를 차지하는 문화집단은 도시변두리로 이동하였다. 제도적인 차별에 직면하면서 아프리칸, 아메리칸 들과 유럽계가 아닌 소수민족들은 멀리 이동하지 않았다. 그러나 그들도 도시중심에서 이동하는 경향에 맞추었다. 이러한 방법으로 집중적인 핵과 도시는 확산되는 유형을 보였다. 한편 도시중심에서 멀리 갈수록 종족의 일체감은 줄어들었다.

인구 재배치

1950년대 중반 이후 도시중심부의 인구가 계속적으로 감소하고 교외로 이동했다. 1970년대와 1980년대 사이에 도시에서 세 가지 변화가 일어났다. 변화는 전국적인 변화와 오래된 도시의 변화, 큰 도시에서의 변화이다.

1960년대에 최초로 사람들은 메트로폴리탄 지역을 떠나기 시작했다. 도심의 감소되는 규모 정도의 인구가 교외지역에서 증가했다. 소도시와 그 사이의 농촌지역으로 인구가 이동했다. 결과적으로 전국적인 규모에서 보면 북동부에서 상당히 이주했는데도 불구하고, 메갈로폴리스의 소지역은 계속적으로 성장했다. 인구 재배치의 하나의 경향은 메갈로폴리스 내에 사는 인구가 감소하고 지역 내에서 인구패턴이 재편되는 것이었다.

　도시변화의 2차 경향은 이유는 확실하지 않지만 고층사무실이 다양한 장소에서 생기기 시작했다. 1970년대 이후 고층 건물들이 도시 중심지역에만 한정되지 않았다. 교외지역 내에서 대규모의 사무실 등이 나타나기도 한다. 예를 들면 록빌과 게티즈버그(워싱턴 교외의 메릴랜드 인접지)에 많은 사무실공간이 생겼으며 이러한 사무실 집적은 컬럼비아 구 주변에 나타난 새로운 사무실 존의 하나다. 그중의 하나인 타이슨 코너는 록빌 게티즈버그보다 규모가 크며 세를 주는 사무공간이 마이애미를 능가한다. 이 현상은 메갈로폴리스에 일반적이며 전국적으로 다양한 규모로 나타난다. 이 변화는 화이트칼라 일자리의 입지와 그 일자리를 오고 가는 교통흐름에 상당한 영향을 준다.

　셋째로 1980년대에는 도시인구가 주거지역으로부터 외부로 이동하는 경향이 완화되기 시작했다. 고소득 주거자를 중심도시로 끌어들이고 높은 세금 베이스를 만들었다. 중심도시에서 교외로의 이동에 대한 반대 흐름이었다. 저소득 주민은 다시 내몰리면서 '젠트리피케이션'이라는 부동산 투자가 도시 중심 안의 작은 지역에서 시작되어 외부로 확장되었다.

　메갈로폴리스에 대한 인구 재배치의 영향을 국가적 측면에서 예측하기는 어렵다. 이 지역은 가장 큰 메트로폴리탄 지역의 집합이며 상당한 경제적 에너지와 잠재력을 가지고 있다. 1980년 인구센서스 자료가 나왔을 때 교외지역은 쇠퇴를 보였다. 교외지역이 상업적, 재정, 산업, 문화 활동의 자극으로 아직도 지리적으로 유리하여 집합된 사무실지역의 성장을 보인다. 하지만 도시중심에서는 1980 - 1990년과 1990년에서 2000년까지 인구쇠퇴의 비율이 낮아졌다.

　도시지역은 지속적으로 경관이 변화한다. 메갈로폴리스의 변화는 급작스

럽고 세계 어느 지역에서도 비교되지 않은 규모로 일어난다. 변화의 각 측면은 변화될 수 있는 압력과 수요에 대한 반응이다. 어떤 변화는 메갈로폴리스로부터 수천 마일 떨어진 곳에서 온다. 이민을 증가시키는 조건, 해양운송비 변화조건 등도 변화를 유도할 수 있다.

10. 메갈로폴리스의 문제

메갈로폴리스의 대부분의 문제는 세 가지의 범주에서 나온다. 즉 밀도, 접근성과 확산의 문제이며 이들은 기본적으로 도시에서 나오는 문제이며 메갈로폴리스는 다른 곳보다 규모가 크다는 것뿐이다. 메갈로폴리스의 도시들은 도시구조와 성장의 많은 어려움에도 불구하고 수많은 도시지역과 경제적으로 경쟁하고 있다.

밀도의 불리한 점

높은 인구밀도와 공간적으로 집약된 경제활동은 도시의 전형적인 특징이며 둘 다 그와 관련된 문제가 있다. 메갈로폴리스의 핵심도시들은 유럽 이주자들이 들어오면서 주거지역이 과밀해졌다. 인구증가보다 새로운 주택구조의 건설이 느려지면서 이민자들은 새로운 건물에 정착할 수 없었다. 도시에서 극단적인 밀집이 일어나게 되고 이 현상은 사회적 또는 문화적 결집능력, 저임금 이주자의 한계, 제한적인 재산세 구조 등에 의해서 더욱 심화되었다.

집중된 경제활동은 높은 도시인구밀도로 문제를 악화시켰다. 이는 폐기물 문제와 관련이 있다. 폐기물이 중화되는 속도보다 빠르게 생성되는 것이다. 이것은 과도한 침투수로 환경이 악화되고 결과적으로 오염되는 것이다.

산업활동은 도시지역에서 주요 오염활동으로 나타난다. 많은 도시에서 산업이 환경악화에 상당히 기여했다. 그러나 도시 오염의 주요한 책임이 산업에만 있다고 생각하는 것은 잘못이다. 일반적으로 메갈로폴리스의 도시들은 오대호 주변의 도시들보다 중공업 비중이 낮으나 그들의 대기와 수질오염 문제는 더 심하다. 예를 들면 수도인 워싱턴은 중공업이 전혀 없으나 여름에 자주 스모그가 끼는 날이 있다고 주민들은 증언한다.

산업오염원보다 더욱 중요한 것은 지방자체적인 오염원이다. 이것은 도시주민들이 배출하는 많은 양의 폐기물이다. 수많은 출퇴근차량이 매일 도시를 드나든다. 교외지역 사이에 더 많은 통행이 있다. 수백만의 집과 사무실이 겨울에 난방과 여름에 냉방으로 전기나 천연가스를 사용한다. 매일 수백만 갤런의 하수가 세탁기, 식기세척기와 화장실에서 나온다. 이러한 것들은 좁은 면적에 집중되어 있다. 뉴욕 메트로폴리탄지역에서 예를 들면 5백만입방야드의 폐기물 슬러지가 매년 생산된다. 이러한 폐기물의 축척은 맨해튼을 덮는다면 12년 안에 1m 높이로 덮일 것이다.

오염의 문제 해결에는 두 가지 접근방법이 있다. 하나는 기술적인 것으로 좀 더 나은 기계적 화학적 방법으로 폐기물의 부정적 요소를 중화시키는 것이다. 다른 것은 생태적인 것으로 자연의 폐기물 흡수 능력을 증가하고, 폐기물을 덜 생산하고 덜 소비하는 방향으로 양을 줄이는 것이다. 제3의 선택은 인구와 경제활동을 넓은 지역으로 분산시켜서 폐기물의 밀도를 감소시키는 것이다.

접근성과 밀도

높은 인구밀도는 한 장소에서 다른 장소로 가는 데 어려움을 준다. 활동입지가 밀집되고 상호작용의 정도가 집중되어 정체가 발생한다. 역설적으로 접근의 필요가 있는 지역일수록 진정한 접근은 감소한다. 매일의 생활에서 주요 도시의 핵심지역을 방문하거나 살면서 정체가 일어난다.

메갈로폴리스의 도심에서 도시외곽으로 접근하려면 두 가지 심각한 문제가 있다.

하나는 매우 인구가 조밀한 도심으로의 통행이다. 뉴욕과 같은 극단적인 경우를 포함하여 1989년의 31개의 메트로폴리탄 지역에 관한 연구에 의하면 뉴욕에서 주중에 도심까지 통근하는 데 50－60분이 소요되었다.

두 번째 특징은 해안지역에서 도심으로 통행의 한계이다. 일부 도심이 섬이거나 육지가 연결되지 않아 교량, 터널을 지나는 경우이다. 모든 도시는 해안수송으로의 쉬운 접근과 항구시설의 공급으로 세워지고 성장했다. 그러나 항구의 형상은 인구와 물자이동의 심각한 문제를 가져온다. 보스턴과 볼티모어가 동부나 동남부로부터 도시중심으로의 접근방법이 없다. 맨해튼이 섬이므로 뉴욕도 남서부와 남부로부터 직접 육지로 연결될 수 없다. 이러한 도시와 컬럼비아 구에서의 하천들은 제한된 교량과 터널을 통해야만 이동이 일어나고 그 구간은 매우 혼잡하다. 컬럼비아 구에서 두 강을 건너는 데 철도를 포함하여 14개의 교량이 있다. 필라델피아에는 22개의 교량이 있으며 맨해튼에는 20개의 주요 접근로가 있다. 볼티모어, 보스턴, 델라웨어, 프로비던스, 로드아일랜드, 코네티컷의 브리지포트, 하트포드, 뉴헤븐 등은 비싼 교량과 수중터널에 의한 제한적인 교통망을 가진다.

교통체증에 대처하는 방법

메갈로폴리스의 도시들은 이러한 문제에 여러 방법으로 대처했다. 첫째로 현재 있는 이동시설이 혼잡하게 되면 그들의 능력을 증가한다. 4차선은 8차선으로 8차선은 12차선으로 16차선으로 확장한다. 고속도로가 한계에 이르면 다른 고속도로를 평행하게 건설한다. 전화, 상수, 하수, 전기선도 더욱더 많이 설치한다. 조만간 그들이 개통될 때 다시 확장된 수송로는 그 용량의 한계에 도달하게 된다. 이렇게 반복되는 교통 혼잡은 좀 더 많은 넓은 도로를 건설하는 것만으로는 해결될 수 없다. 분석가들은 새로운 도로의 건설은 새로운 교통을 증가시킨다는 것이다.

혼잡을 줄이기 위한 다른 방법은 수송 용량을 증가시키기보다 기존의 노선을 보다 효과적으로 사용하는 것이다. 도로에서 자동차가 길이로 6m를 점유하고 4-6명을 운송하는 데 카풀을 통하여 많은 승객을 운반하고, 버스는 반면에 15m 정도를 차지하지만 자동차보다 6-8배를 많이 수송할 수 있다. 대중교통은 개인차보다 많은 승객을 수송할 수 있어 기존 접근로의 이동 용량을 증가시킬 수 있다.

그러나 효율성의 문제가 해결되는 것은 아니다. 대중교통체계는 메트로폴리탄에서 많은 통근자의 수송을 담당하나 심각한 재정적 어려움에 처하고 있다. 1990년 맨해튼에서 78%의 통근자가 버스, 페리, 철도, 지하철을 이용한다. 그럼에도 불구하고 통근열차회사가 도산했고 지하철요금은 계속적으로 상승하고 시설물들은 수요를 맞추기에 어렵다.

둘째로 도시대중교통의 재정적 문제는 대중교통을 많이 이용하지 않는다는 점에서 개선의 여지가 없다. 자가용에 의한 이동은 좀 더 안락하고 여행의 유연성과 승객에게 개인적 안전을 가져다주므로 통행당 비용이 적게 든다는 환상도 있다. 연료가 비싸서(1973년과 1979년에) 대중교통수송이 상당히 증가했다. 고용주와 지자체는 카풀을 장려했으나 성공하지 못했다.

연방, 주, 지방정부들은 개인의 통근 수요에 맞추기 위해 계속 새로운 고속도로를 건설하고 새로운 교량을 건설하여 기존의 수송능력을 증가시키고 개인이동의 용량을 증가시켰다. 대중교통은 양과 질적으로 쇠퇴했다. 그러나 워싱턴의 지하철인 메트로는 예외이다.

탈중심화와 감소된 중심지구 통행

메갈로폴리스에서 진행되는 도시 경관변화의 한 측면은 중심활동으로부터 생기는 혼잡을 감소시키는 것이다. 교외인구가 증가하여 상점과 서비스가 소비자 가까이 교외로 이주했다. 새로운 도시 일자리는 교외와 아주 외곽으로 이주해 왔다. 중심도시 밖에서 많은 활동이 이루어지므로 혼잡을 가져왔던 중심도시(업무중심지구)로의 통행이 줄어든다. 뉴욕타임스가 20년 동안 교외 주민에 대한 조사를 했는데 뉴욕시 인구의 50%는 1년에 5회 미만의 비업무용 통행을 하고 25%는 업무를 제외하고 도시에 전혀 가지 않는다고 했다.

수년 동안 탈도시중심화의 경향은 교통 혼잡과 연관된다. 일의 결정과정에서 대면접촉이 유리한 화이트칼라 일자리는 집중을 가져온다. 메갈로폴리스에는 재정, 보험, 출판, 주요 잡지와 신문사와 문화계 일자리가 중요하다. 이러한 활동은 주로 화이트칼라를 고용한다. 그러나 최근에 메갈로폴리스의 중심도시까지도 대다수 의사결정 일자리가 전례 없이 외부로 이동했다. 전국 랭킹의 회사 1,000개 중에서 교외에 본부를 가진 회사가 뉴욕시에 둔 경우보다 더 많다. 컴퓨터기술과 통신기술의 발전으로 본부의 재배치가 어느 정도 이루어질 수 있게 되었다. 본부를 중심도시에 두지 않는 데서 초래될 수 있는 문제가 감소되었기 때문이다.

지난 35년간 중심도시에서 고용되는 직업들이 상당히 변화되었다. 예를 들면 뉴욕시는 제조업인구가 크게 감소했다. 1998년까지 뉴욕에서 재정, 서비스 정부부문의 고용감소가 계속되어 왔다. 1947년 뉴욕시의 제조업인구는 110만이었는데 1990년대 말 139,000명으로 50년 안에 85% 이상 감소했다. 맨해튼에서 10만 명이 주식과 선물거래에 종사하며 25만 명이 비즈니스 서비스 분야에 종사한다. 이는 뉴욕의 중요성이 전 세계를 향한 재정과 정보의 허브라는 것을 의미한다. 이는 이전의 제조업지역은 쇠퇴하고 서비스업종 지역은 성장하므로 도시행정가들은 제조업지역의 재개발을 위해 노력해야 한다.

확산의 반작용

도시화 지역이 확장되면서 많은 도시문제가 핵심지역에서 주변지역으로 확산된다. 처음에는 오래된 교외지역(old suburb)으로 나중에는 그 주변의 소도시와 타운으로 확산된다. 1978년 조사한 교외거주자의 3/1 이상이(뉴욕타임즈 조사) 그들의 공동체가 부수적인 문제를 가진 큰 도시가 되어 간다고 답했다.

교외지역의 노화

교외지역에서 주요한 변화가 두 방향으로 나타난다. 하나는 교외 주민이 좀 더 외곽으로 이전하면서 도시 확장이 일어나는 것이고 다른 경향은 인구의 작은 부분이지만 중심도시 주민 중 중산층과 고소득층이 다시 도심으로 돌아와 젠트리피케이션을 이루는 것이다. 불리함에도 불구하고 메갈로폴리스의 대도시는 경제적 사회적 가능성이 크다. 이렇게 개선된 도심은 작지만 상당한 수의 메트로폴리탄 인구를 끌어들인다.

중심도시와 소도시의 정치적 단위

중심도시 주변에는 하나의 도시만을 가지지 않고 수많은 독립 자치지역을 가진다. 미국의 대도시에 익숙한 사람들은 대도시가 작은 교외자치도시에 의해서 둘러싸인 것을 상상할 것이다. 사실상 교외화의 과정은 중심지 가까이에 있는 소도시를 교외로 볼 수 없다. 원래의 핵심도시가 확대된 도시적 특성은 법적인 경계 밖까지 끊어짐 없이 연장되고 수많은 독립 도시 지역을 포함한다. 극단적인 경우는 1992년 뉴욕 메트로폴리탄지역이 1,591개의 정치적 단위로 나뉘어져 있다는 것이다. 한 연구자는 묘사하기를 이러한 상황을 인간이 지금까지 가졌던 어떤 것보다 복잡한 정부의 조직이라고 한다. 따라서 정치적 단위들은 자치와 타운십 정부, 학교구역과 다양한 특별구, 과세 권력이 있는 경우와 없는 경우 등이다. 이 유형은 도시지역의 대부분에서 다양한 축척으로 반복된다.

인구와 산업의 이동

메트로폴리탄의 경제지리는 정치지리와 일치하지 않는다. 대부분의 사람들은 그들이 일하는 곳과 다른 도시에서 산다. 도시들 간에는 나은 비즈니스와 산업을 유치하기 위해 경쟁한다. 도시들이 원하는 산업은 오염시키지 않으며, 임금이 높고 자치단체에 높은 세금을 내는 것이다. 바람직한 주민은 중산층과 고소득층이며 좋은 공공서비스를 제공할 수 있기를 바란다. 인구와 산업은 좋은 공공서비스를 지탱할 수 없고 도시의 조건이 악화되면 새로운 장소로 움직일 수 있다. 핵심도시가 계속적으로 세금 원인 주민과 산업을 잃어버리면 그 짐은 남은 주민과 산업에게 돌아간다. 뉴욕의 1976년 도산과 1979년 클리블랜드, 1991년 필라델피아의 도산이 이러한 경향을 반영한다.

자치단체 간의 협력

중심도시의 문제는 메트로폴리탄의 노후지역에만 있는 어려움이 아니다. 중심도시들은 경제적으로 사회적으로 연결된 가운데 짜여 있다. 수많은 정치적으로 독립적인 자치단체 사이에 협조와 협력이 부족하다. 때때로 지역을 넘어선 메트로폴리탄 계획지역을 수립하는 노력이 필요하다. 보스턴, 뉴욕, 델라웨어 체사피크지역과 워싱턴에서 지리적 경계를 넘어서 입법이 확대되는 계획위원회가 시작되었다. 각 위원회의 진정한 영향은 강력하지 않다. 더구나 메갈로폴리스 안에서와 다른 대도시 지역 안에서의 경향은 지역 협력과 계획에서 이러한 지자체의 영향을 감소하려는 방향이다.

논리적 문제는 메갈로폴리스를 위한 지역계획 기관이 없다는 것이다. 그것이 있더라도 효과적이지 않을 것이다. 메갈로폴리스는 메트로폴리탄지역을 묶는 대단위지역이다. 각 지역은 뚜렷한 도심을 가진다. 그러나 메갈로폴리스가 슈퍼도시는 아니다. 즉 메갈로폴리스를 함께 묶는 힘은 주요 도시지역이 가지는 힘보다 훨씬 적다.

지난 20년간의 도전에도 불구하고 메갈로폴리스는 복잡한 도시지역으로 남아 있다. 미국과 캐나다의 상당한 중요성을 주는 복잡한 도시지역으로 남아 있다.

Ⅲ.
제 조 업 의   발 달

　제조업은 미국과 캐나다 경제발전에 아주 중요하다. 북부 잉글랜드, 미국 북동부와 남부 온타리오가 주요한 제조업지역이다. 제조업의 분포는 균등하지 않으며 인구가 많은 지역에 발달되었다. 제조업 지역이 면적으로는 미국과 캐나다 총면적의 3% 정도를 차지하지만 철강과 자동차 부품의 반 이상을 생산하는 공장이 이 지역 내에 분포한다. 세일즈의 양적 측면에서 80%와 산업체 본부의 80%가 이 지역에 있다(1997년 현재). 게다가 미국의 10개(25개 메트로폴리탄 지역의) 캐나다의 10개(16개 중에서) 메트로폴리탄 지역이 제조업지역에 속한다(1996년 현재).

　미국과 캐나다의 제조업지역이 두 나라의 국경과 상관이 없다. 주요 지역은 오하이오 강 하곡, 오대호의 남부와 메갈로폴리스로 나뉘는 세 지역이며, 서부로는 점차로 농경 경관과 남부 인디아나, 일리노이 그 외 지역으로 확산된다. 위의 세 지역 외에 제조업이 집중된 곳은 캘리포니아의 실리콘 밸리이다.

1. 제조업과 메갈로폴리스

북미의 제조업 중심의 경계는 농업지역, 메갈로폴리스 경계와 중첩된다. 메갈로폴리스는 제조업중심에서 동부로 확장된다. 메갈로폴리스가 기본적으로 도시지역이더라도 메트로폴리탄지역은 주요한 제조업을 포함하고 제조업 중심에서 다른 중심지와 긴밀히 연결되어 있다. 따라서 메갈로폴리스는 제조업 중심의 한 부분이다. 유사하게 북미의 농업 중심지대가 대륙의 제조업 중심지대의 서부지역과 중첩된다.

미국과 캐나다의 특성을 설명하는 데 제조업의 경제활동은 중요하다. 제조업중심의 안에 혹은 가까이에 주요 항구, 통신 중심지, 재정중심지가 위치한다. 미국과 캐나다의 정치적 수도는 제조업 중심지역의 경계 밖에 있다. 미국과 캐나다에서 도시화의 밀도는 제조업 중심에서 높다. 두 개의 가장 큰 메트로폴리탄지역은 밀워키와 시카고 사이와 클리블랜드와 피츠버그 사이의 도시지역이다.

농업과 제조업

여러 측면에서 중서부 농업지대의 인구와 경작은 제조업 생산을 위한 수요(경작 장비 등의)와 경작물인 자원을 만들어 냈다. 농업의 성공은 다양화된 농업수요로 제조업을 유지시켜 왔다. 수확기와 경작 장비들이 1800년대에 수만 개가 필요했다. 20세기 초에는 트랙터와 펌프, 건초포장기 등의 전

문화된 농장 기계가 각 지역에서 필요했다. 중서부로부터 많은 농산물이 확장된 교통망을 통해 수송될 수 있었다. 그리하여 농업은 초기의 도시, 산업의 성장과 성공적인 제조업을 자극했다. 성장하는 도시들은 농업의 발전과 집중화를 가능하게 했다.

제조업 중심 안에서 각 지역은 아주 복잡하며 독특한 경관특징을 가진다. 많은 대도시와 중소도시들이다. 수송망에 의해 집중이 필요한 산업이 연결되었다. 일부 공장은 제조업지역 안에, 대다수는 그 지역의 밖에 있다. 주민은 민족적으로 다양하다. 산업도시는 동부와 중부유럽을 떠나 미국과 캐나다에서 새로운 삶을 계획한 이민자들에 의해 성장되었다. 그러므로 도시에는 아프리칸 아메리칸, 히스패닉, 아시아 이민자들의 문화경관이 나타난다.

2. 지하자원과 입지

세 개의 광범위한 변성암지역에 지하자원이 분포한다. 애팔래치아산지, 서부 산지와 캐나디언 순상지이다. 반면에 연료는 주로 서부의 퇴적암저지, 멕시코 만과 극지에서 발견된다. 개발하려는 사람들에게는 지하자원이 다양하며, 질, 양적 측면에서 양호했다. 대개의 경우 광물은 어려움 없이 개발되었다. 그러므로 미국과 캐나다는 자원을 기초로 해서 제조업이 발달했다.

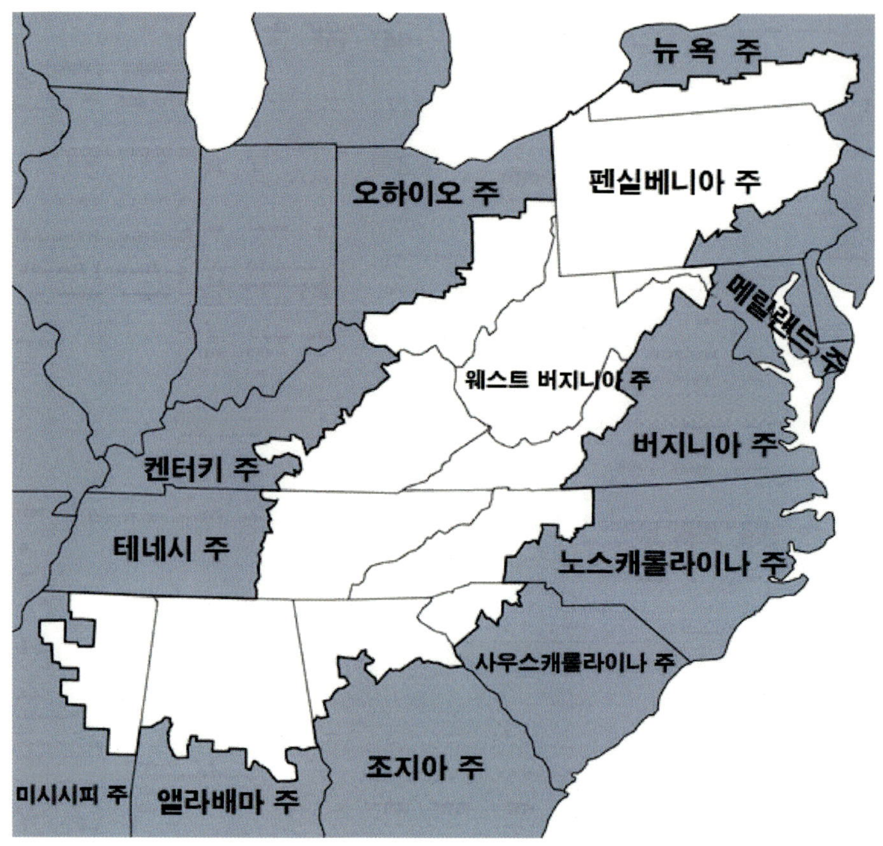

그림 40 애팔래치아 지역

접근성

규모와 특성, 제조업의 집적을 가져올 수 있는 두 개의 다른 지리적 요인은 상대적 입지(location)와 접근성(accessibility)이다. 대륙의 북동부를 덮은 순상지는 지하자원 매장지이다. 하나는 북동－남서로 애팔래치아, 다른 것은 북서 남동 로키산맥이다. 동부와 서부 지하자원 지역은 넓은 V자 형태를 나타낸다. 넓은 내륙분지는 금속자원 매장지역으로 둘러싸여 있다. 애팔래치아, 캐나다 순상지, 미시시피 강에 의한 삼각지역에 중공업 발전에 필요한 지하자원이 있다.

집중된 제조업 중심을 발전시키는 데는 자원의 양, 품질, 상대적 접근성이 중요했다. 접근성(accessibility)은 장소 사이의 상호작용의 정도이다. 이는 상대적 편이와 이동비용으로 표현된다. 접근성은 만들어지거나 인간의 노력에 의해서 개선된다. 공항, 운하 파이프라인, 도로, 철도 등은 장소의 접근성을 개선시킨다. 반면에 항해 가능한 수로는 자연적 접근로로서 초기의 많은 투자를 필요로 하지 않고, 이러한 수로의 존재는 초기 경제성장에서 수송비가 적게 들어 '자원'으로 볼 수 있다.

그림 41 캐나다 순상지 ⓒwiki

오대호

북미대륙의 제조업 중심의 내부는 접근성이 양호하다. 오대호는 자원이 풍부한 캐나다순상지와 연료가 풍부한 내륙분지를 연결하는 내륙수로이다. 오대호들은 고도 차이가 두 장소에서 변화한다. 수피리어와 휴런과 미시간의 6.7m 차이는 1855년 솔트센 마리에서 개통된 록에 의해 해결되었다. 이리 호와 온타리오 호 사이의 더 큰 고도차는 물 수송에 장애가 된다. 그러나 1829년 웰랜드 운하가 개통되어 나이아가라폭포를 경계 짓게 된다. 또한

1825년 건설된 이리운하는 온타리오 호를 거치지 않고 뉴욕으로 화물 수송을 가능하게 하였다.

이러한 호수들은 북미 정착 유럽인들이 800㎞ 수송로를 싸게 이용할 수 있도록 했다. 이 수송로로 농산물이 동부시장으로 공급되었다. 19세기와 20세기 초에는 순상지의 철광이 석탄이 있는 일리노이, 인디아나, 오하이오, 버지니아, 펜실베이니아 근처로 저렴하게 수송되었다. 겨울에 수송로가 달히지만 오대호 남부를 따라서 시카고, 게리, 디트로이트, 해밀턴, 토론토 등에서 산업잠재력을 키울 수 있었다.

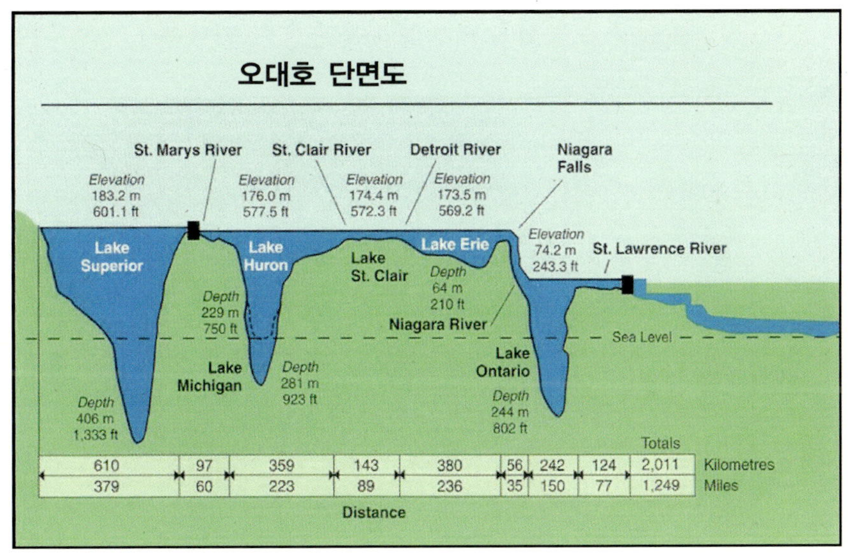

그림 42 www.chss.inp.edu/kpatnck/Greatlakes.html

하천의 접근성

오하이오 강은 석탄이 풍부한 애팔래치아에서 서부로 사백 마일을 흐른다. 동부의 내륙 석탄 산지를 나누면서 미시시피 강으로 합치기 전에 수많은 지류들이 미시시피와 오하이오 강에 연결되어 여러 지역에 접근할 수 있다. 미시시피 강과 그 지류는 제조업중심지의 서부한계를 넘어서 남부와 서부로의 접근을 제공한다. 미시시피 강은 제조업중심의 생산 능력과 내륙분지의 막대한 농업생산 잠재력을 연결한다.

애팔래치아산지와 미시시피 강 사이에 매장된 지하자원이 공간적으로 결합되었다. 따라서 제조업 중심이 미국의 내륙에 있다고 여겨지고 중서부의 산업이 미국 산업의 중심지인 것으로 간주될 수도 있다.

메갈로폴리스가 서부로 확대된 것이 제조업 중심지이다. 일반적으로 애팔래치아는 허드슨과 모하크 계곡을 따라 뉴욕에서 내륙으로 가는 동서 수송에 장애물로 작용했다. 그러나 식민지시대에 육상로를 건설하면서 이 장애를 제거하기 시작했다. 북미제조업 중심은 내륙지역과 메갈로폴리스를 포함하며 국제상거래를 연결하는 도시지역이다. 즉 메갈로폴리스는 제조업 지역과 그에 따른 상업발전에 의한 도시지역이다.

3. 제조업 중심지의 성장

제조업 중심지는 19세기 말에 형성되기 시작했다. 초기 정착 유럽인들은 제조업에 관심이 없어서 1870년대까지는 집중지역이 나타나지 않았고 정착지는 자연적인 수로 주변이었다. 어떤 가족들은 육로로 왔지만 대부분은 오대호 남부로부터 오하이오 강과 그 지류를 따라 이동했다. 1880년까지 주요한 경제활동은 농업이었고 평균 인구밀도는 18명/㎢이었다.

미국에서 1830년 이전에 도시와 산업의 발전은 전적으로 대서양 연안의 항구와 항구의 배후지로 한정되었다. 애팔래치아의 서부에 정착한 유럽인들은 자급적 농업에 종사했다. 1830년과 독립전쟁이 끝나면서 내륙의 인구밀도가 증가하기 시작했다. 농업이 집약화되고 잉여농산물을 생산하고 늘어나는 인구에 맞추어 효과적으로 농산물을 교환할 중심지가 필요했다.

철도가 내륙분지로 확장되면서 경제적으로 복잡해진다. 이 시기에 수로 수송이 오하이오와 미시시피 강과 오대호에서 증가했다. 이리운하가 완성되고 내륙과 뉴욕 항구가 직접 연결되었다. 메갈로폴리스의 다른 큰 항구는 이리운하의 수송력을 능가할 수 없었고, 점차 생산이 증가하면서 육로를 개선하기 시작했다. 애팔래치아에서 볼티모어(볼티모어와 오하이오 철도로)와 필라델피아(펜실베이니아 철도로) 중부의 내륙분지가 육로로 연결되었다. 뉴욕시는 모하크 밸리를 통해서 뉴욕 중앙철도로 연결되었다.

보스턴은 다른 도시들보다 내륙으로 통할 수 있는 주요 라인을 갖추었다. 먼저 인접 뉴잉글랜드의 배후지에 철도를 집중적으로 건설했기 때문이다. 캐나다인들의 관심은 몬트리올과 토론토 사이에 철도를 연결하여 온타리오를 거쳐 미시간까지, 이어서 매인주의 포틀랜드까지 연결하려는 것이었다. 내전이 일어나기 10년 전인 1850년과 1860년 사이에 교통망이 확장되었으며 철도가 오하이오, 인디아나, 일리노이를 가로질러 연결되었다.

1870년대는 여러 변화가 있었는데, 강철의 개량으로 철로의 철을 대체하면서 무거운 화물도 철도로 운송할 수 있게 되었다. 철도의 속도도 증가하여 이전보다 더 장거리 화물도 취급할 수 있게 되었다. 철도규격과 화물차의 표준화로 노선 간 교환과 효과적인 운송을 가능하게 했다.

증가하는 철 수요에 맞추어 광대한 철광이 수피리어 호 근처에서 발견되었다. 그 철광은 오하이오, 미시간, 인디애나와 일리노이의 항구를 통해 운송되었다. 석탄은 철도수송으로 애팔래치아 탄광에서 철광이 들어오는 항구로 운송되었다. 따라서 항구도시들은 산업이 일어나고 제조업중심지가 되기 시작했다.

탄광에 가까운 도시들은 제철생산으로 성장했다. 피츠버그는 그 대표적 예인데 석탄 생산지역 안에 위치하고, 오하이오 강 상류로 자연적인 접근성을 가질 수 있었으며 동부와 서부로 육로 접근성도 양호했다.

도시와 산업성장은 농업의 집약화로 더욱 가속화되었다. 철도노선은 1880년까지 빠르게 증가했으며 이러한 변화를 반영했다. 1880년대에 전기발전의 확산과 석탄이 오대호를 따라 항구로 운송되면서 수송은 산업성장이 자체적으로 강화될 수 있는 순환을 만들어 냈다. 이러한 과정으로 20세기가 되기 전에 북미 제조업중심지의 윤곽이 완성되었다.

4. 기술변화

존 보르셰(John Borchert)는 미국 제조업 분포에 영향을 준 기술변화를 다음과 같이 분류했다. 보르셰는 메트로폴리탄 성장이 일어난 유형을 네 가지

단계로 분류했다. 도시인구 규모는 5단계로 분류하며 상대적 성장과 쇠퇴의 지도를 작성하여 각 단계별로 변화하는 것을 보여준다.

1790년과 1830년 사이를 선박, 마차시대(Sail_Wagon Epoch)로 부른다. 이 기간에 거의 모든 도시들은 수로수송과 관련이 있다. 해안을 따라 대서양 연안 항구도시가 성장했다. 이 시기에 내륙도시 성장은 모하크 강, 오하이오 강 등의 주요 내륙 수로에서 일어났다. 육로 수송은 마차에 의해서 이루어 졌으며 도시성장을 촉진하기에는 수로수송만큼의 역할을 하지는 못했다.

제2기는 1830년에서 1870년 사이로 철도에 의해 육로수송의 개혁이 일어 난 시기이다. 이를 철마기(Iron Horse Epoch)로 부르는데, 이미 발달한 항구의 성장을 자극했다. 새로운 철도망은 항구도시에 초점을 두고 노선이 건설되 었다. 철도를 건설하고 취락은 기존 시가지 외의 지역으로 확장되면서 이미 있는 항구도시는 계속 성장했으며 오하이오 강과 미시시피 강, 오대호 등의 수로수송이 계속적으로 중요했다. 이 시기에 가장 빠른 도시성장은 제조업 중심 지역 안에서 일어났다. 이 시기에 피츠버그, 신시내티, 구이스빌(오하이 오 강), 버펄로, 이리, 클리블랜드, 디트로이트, 시카고, 밀워키(오대호 연안), 세인트루이스, 멤피스, 뉴올리언스(미시시피 강) 등이 가장 크게 성장했다.

1870년에서 1920년까지는 철도시대(Steel – Rail Epoch)였다. 그것은 강 철의 개발과 관련이 있다. 더욱 강하고 무거운 강철 레일로 대체되면서 석 탄의 대량 수송이 가능하고 전력생산을 확산시켰다. 제조업중심 주변 도 시들이 성장하기 시작했다(수 개의 예외가 있지만). 석탄산지 근처의 많은 소형도시들과 오대호와 대도시 사이에 위치한 주요 철도 연결지점 등의 도시도 발전했다(오하이오 강과 오대호 사이에서). 애크론, 캔턴, 영스타 운, 오하이오 등이 그 예다. 위의 도시들은 피츠버그와 철광도시인 클리블랜드, 철 수송 항구 사이에 위치한다. 이 시기에 수로 항해와 관련된 도시들은 쇠퇴했다. 이리 운하도시(시러큐스, 유티카로마, 알바니, 수넥타디, 트로이)와 루이스빌과 미시시피 강의 센 루이스가 그 예이다.

비용과 입지선정

1870년 이전에 주요 제조업 비용은 운송비와 전력비용이었다. 그러나 1920년경부터는 운송비와 전력비용이 입지선정에 덜 중요하게 되었다. 제조과정이 변화하면서 제조비용 구조에 변화가 오기 시작했다.

원료의 상당한 부분이 제조과정에서 사용되거나 폐기되었기 때문에 원료운송비는 총비용 중에서 중요한 부분이었다. 그러므로 산업은 이러한 비용을 최소화하기 위해 원료산지에 가까이 또는 저렴하게 운송되는 장소에 입지했다. 산업은 수로가 있는 항구에 위치하는 경향이 있었다. 하천 인접지역은 수력이 에너지원이면서 운송이 용이하다는 측면에서 계속적으로 중요했다. 1800년대부터는 저렴하고 효율적인 철도수송이 수로입지보다 유리하게 되었다. 또한 전력의 공급으로 도시는 더 이상 하천과 항구에 의존하지 않게 되었다. 몇몇 산업들이 항구도시 입지가 유리했지만 많은 제조업자들이 철도망을 이용하여 시장에 연결되었다. 캐나다의 제조업 중심지 가운데서 온타리오 남부가 남부 퀘벡보다 빠르게 발전했는데 이는 오대호의 수로를 활용할 수 있고 미국 내륙의 성장하는 시장에 좀 더 가까웠기 때문이다. 토론토와 해밀턴과 윈저 등은 접근성과 시장접근성 측면에서 유리했다.

보르셰는 1920년에서 1960년까지를 제4기인 자동차 − 항공시대(Auto − Air

Amenity Epoch)로 정의한다. 자동차와 항공기에 의한 수송 혁신으로 생산비에서 수송비가 최소화되고 개인의 이동 가능성은 증대되었다. 미국 내에서 캘리포니아, 플로리다, 애리조나와 같은 살기 쾌적한 지역으로 인구가 이동했다. 철도시대에도 시장과 노동력에 의해 제조업의 입지가 결정되는 경향이 있었으나, 쾌적한 지역으로의 인구증가가 그러한 지역의 산업성장을 이끄는 시대가 되었다.

보르셰의 제4기 동안에도 제조업 중심지에서 성장이 있었으나 점차 쇠퇴할 전망이 나타나기 시작했다. 1960년대까지 제철도시인 피츠버그는 성장이 둔화되고, 자동차 중심지인 디트로이트와 피린트, 랜싱, 미시간 등이 급속 성장한 것이다. 이는 대형시장과 노동자 집단의 존재, 제조업과 산업 간 연계가 잘 확립되었기 때문이다.

1960년 이후 미국과 캐나다는 정보기술시대라는 새 시대를 맞는다. 미국과 캐나다의 경제가 정보의 생성과 교환에 의존하면서 정보의 전달과 처리 수단이 중요하게 되었다. 20세기 전반부까지 인구 집중이나 성장을 이끌었던 입지요인들은 더 이상 효력이 없었다. 그러나 미래의 성장을 위한 도시 경쟁력은 숙련된 노동력, 큰 시장, 짜인 도시 간 항공수송에 의해 가능하다.

5. 지역도시의 경제적 특징

최근까지도 제조업중심 지역에서 근거리에 대부분의 산업이 입지했다. 미국과 캐나다의 도시성장유형은 제조업과 아주 상호의존적이다. 그러나

한 도시성장을 자극하는 동력이 다른 도시의 성장을 자극하는 것은 다르다. 따라서 도시는 다른 경제적 특성을 가질 수 있다. 결과적으로 북미의 제조업 중심지역에서 보이는 도시들의 경관은 다양하다.

도시의 경제적 특성은 두 개의 지역적 카테고리로 나뉜다

(1) 제조업이 미국경제를 주도하기 이전부터 상업과 재정교환에 의해 형성된 대서양 해안의 도시들, 애팔래치아 고원 동부의 도시들과 (2) 오하이오 강과 오대호 사이에 내륙중심에서 발달된 도시들이다.

1) 동부의 제조업도시들

미국 경제에서 제조업이 발전하기 이전부터 보스턴, 뉴욕, 필라델피아, 볼티모어 등은 상업의 발달과 많은 금전거래로 인구가 모이기 시작했다.

동부 해안지역에서 제조업이 발달하기 시작한 요인은 많은 노동력, 수로수송에 의한 접근성, 지역의 시장규모 등이며 이어서 대부분의 도시는 사무실산업에 의해 메갈로폴리스로 계속 발전할 수 있었다.

뉴잉글랜드는 동부에서 예외적이다. 뉴잉글랜드는 농업발전을 위한 조건이 열악하여 농업에 종사하지 않는 인구가 다른 곳보다 많았다. 영국의 식민지하에서 뉴잉글랜드 지역은 다른 지역보다 인구가 집중되어 항구가 성장하면서 동시에 제조업이 발전했다. 해안을 따라서 조선업이 번성하고 계속적으로 이민인구가 늘어나서 지역 시장 규모가 증대되고 해안항구의 접근성과 풍부한 전력으로 섬유산업과 제조업발전에 기초를 수립했다.

보스턴은 뉴잉글랜드의 지역중심지이다. 보스턴에서 섬유와 가죽산업, 코네티컷에서 조선업이 발전했다. 2차 대전 이후 보스턴 지역의 성장은 전자부품과 기계로 변경되었다. 이러한 산업들은 운송속도와 유연성을 요구하여, 고속도로를 따라(128번과 16번의 19㎞ 이내) 입지하게 되었다.

뉴잉글랜드의 기업들은 보스턴 항구의 우수성에도 불구하고 대부분의 제품을 육로로 다른 지역 시장에 보내거나 메갈로폴리스의 주요 항구인 뉴욕으로 보냈다.

뉴욕

대체로 제조업은 국제적 거래와 인구가 집중하는 지역에 입지하게 된다. 뉴욕은 이 견인력이 아주 강해서 산업 혼합이 매우 다양화, 다변화되었다. 대부분의 산업들이 맨해튼에 입지했다. 점차로 중공업은 맨해튼의 한계나 뉴저지의 허드슨 강을 건너서 습지지역으로 이전하게 되었다. 20세기 이후에는 사무실 산업이 고층건물을 지으면서 들어섰다. 최근에 뉴욕지역에서 많은 제조업이 떠나므로 비제조업 고용으로 대체되고 있다.

뉴욕의 메트로폴리탄 경제는 상당 기간 동안 사무실산업에 의해서 독점되었다. 고층건물이 빽빽이 들어서고 이는 수많은 회사의 본부, 은행과 보험업군, 인쇄업과 그 외의 서비스업들이다. 이러한 사무실 산업은 전 세계로 통하는 정보망이 필요하다. 뉴욕은 사무실 산업에 의해서 많은 사람이 고용되고 있다. 최근에 몇몇 기업의 본부가 다른 도시로 이전하였지만 아직도 뉴욕은 미국 경제의 의사결정 중심지이다.

필라델피아와 볼티모어

필라델피아와 볼티모어는 산업적 배경과 도시의 특성 측면에서 아주 달랐지만 아주 비슷해지고 있다. 필라델피아 제조업의 기초는 뉴욕처럼 다변화되어 있다. 필라델피아는 뉴욕과 120㎞ 거리에 있고 항구조건이나 내륙접근이 뉴욕보다 좋은 편이 아니어서 발전 초기에는 어려웠다. 그러나 서부 펜실베이니아의 석탄과 철의 공급으로 필라델피아는 초기 미국의 정치적 문화적 중심지가 될 수 있었고 항구시설로 성장을 유지했다.

반면에 볼티모어는 제조업 중심의 주변에 위치했다. 철도로 연결되어 내륙지역의 철과 석탄에 접근된다. 금속제조업과 화학산업이 필라델피아와 볼티모어의 주요 산업이다. 제철업은 볼티모어의 동부 스파로포인트와 필라델피아 북부의 트렌턴에도 입지한다.

볼티모어와 필라델피아는 입지적으로 유리해서, 미래에도 아주 유사하게 발전될 것이다. 미국은 철광을 래보라도, 베네수엘라, 아프리카의 나이지리아와 페르시아 만의 국가들로부터 수입하므로 해안입지가 중요하다.

2) 내륙의 도시들

북미의 제조업 중심의 대부분은 애팔래치아 서부와 중서부와 남부 온타리오의 도시들이다. 주요한 도시들은 내륙의 풍부한 지하자원과 농산물 자원에 가까우며, 오하이오 강과 오대호의 연안을 따라 입지한다. 오하이호 강

하곡과 오대호 남부는 내륙에서 이루어지는 상업활동의 2/3를 차지한다.

내륙 제조업 중심도시의 형성은 서부 펜실베이니아와 서부 버지니아의 석탄지로부터 석탄이 이동되고, 캐나다 순상지로부터의 광물이 이동되어 결합된 것이다.

메사비철광

그림 43 메사비 산맥지역(The Times Atlas of the world, 1999)

철광은 북부 미네소타의 메사비산맥, 서부 온타리오의 스팁락, 북부 미시간과 위스콘신의 메노미니(Menominee)산지에서 생산된다. 철광석은 메사비광으로부터 오대호에 특별히 디자인된 대형 배로 미시간 호와 이리 호의 남부해안으로 수송되고 다시 하몬드와 인디애나의 개리로 수송되는데 철광은 일리노이 석탄산지에서 수송된 석탄과 결합하게 된다. 대량의 철광석은 이리 호 항구로 향한다. 거기서 일부 철광은 남부로 수송되거나 석탄을 사용하여 호숫가에 있는 도시에서 제조된다. 또 일부 철광은 또한 온타리오 호에 있는 캐나다 항구인 해밀턴으로 수송되어 래브라도 광산에서 세인트로렌스 강을 따라 운송된 캐나다 철광과 합쳐진다.

피츠버그

피츠버그는 내륙 중심도시로서 강철을 의미한다. 피츠버그는 알레게니와 모노게라 강이 만나는 지점에 위치하여, 원료와 강 하류지역 시장으로의 접근성이 탁월하다. 알레게니 강과 모노게라 강은 애팔래치아의 석탄이 풍부한 산지로 흘러가며 오하이오 강은 농업중심지의 남부 한계를 따라 미시시피 강으로 흐른다. 미국 철강회사(US Steel Corp)는 초기부터 피츠버그가 철강 생산지로 발전할 수 있도록 도왔다. 피츠버그가 성장함에 따라 저렴한 물 수송과 철광산지의 접근성을 활용하여 제철에 의존한 산업이 강 하구를 따라 발전했다. 금속산업, 기계부품 등 제철을 대량으로 소비하는 산업들이 피츠버그를 중심으로 입지했다. 인접 도시들도 제철로 인하여 많은 이득을 누렸다. 제철 관련 산업이 성장한 도시들은 영스타운, 캔턴, 오하이오의 스

그림 44 피츠버그 ⓒwiki

티벤빌, 서부버지니아의 월링, 위어턴, 펜실베이니아의 뉴캐슬, 존스타운 등
이다.

클리블랜드

클리블랜드는 이리 호 항구도시 중에서 가장 크다. 좁고 구불구불한 쿠야
호가 강과 오하이오 강의 지류를 연결하는 운하는 클리블랜드 성장에 도움
이 되었다. 클리블랜드의 산업기반은 접근성과 철도망에 힘입어서 발전할

수 있었다. 동서철도로 뉴욕과 시카고가 연결되며 또한 농업중심지인 서부로 연결되어, 호수에 의해서 인근도시로의 접근성이 우수하다. 클리블랜드의 성장은 인접한 로렌, 애쉬타브라와 코네아트의 성장을 가능하게 하고, 동쪽으로는 펜실베이니아의 이리와 서쪽으로는 오하이오의 토레도까지 연장되며, 내륙 중심지의 고무와 플라스틱을 생산하는 애크론까지 연장되었다.

버펄로

버펄로는 이리 호의 동쪽 끝이며 2차 대전 후까지 주요 밀가루 생산지였다. 전쟁 이후 밀가루생산량은 감소했지만, 밀이 동부의 대도시 시장에 판매되기 전에 정제되기 위해서 대평원에서 오대호로 운반되었다. 그러나 세인트로렌스 항로가 열리면서 버펄로의 입지가 약화되어 쇠퇴하기 시작했다. 버펄로는 풍부하고 싼 수력전기로 제철과 금속공업, 화학과 알루미늄산업을 성장시킬 수 있었다.

토론토와 해밀턴

온타리오에서 두 개의 주요 항구도시는 해밀턴과 토론토이다. 해밀턴은 동부 오대호의 전형적 산업인 자동차와 제철과 금속제조업이 발달한 도시이다. 토론토는 해밀턴보다 커서 다양한 산업기반을 발전시켰다. 왜 토론토가 해밀턴보다 더 성장했는가의 원인은 복잡하다. 우선 해밀턴보다 입지적으로 유리하고, 중공업으로 전문화되기보다는 혼합된 경공업으로 발전했다.

디트로이트

디트로이트와 윈저(온타리오)는 휴런 호와 이리 호 사이에서 인구 570만의 미국과 캐나다 국경에 인접해서 발달한 도시들이다. 온타리오와 미시간 남부 사이의 자연적인 교차점이기도 하다(디트로이트 윈저터널로 연결됨). 입지적으로 유리했지만 산업 발달의 초기에는 발전하지 못했다. 디트로이트의 성장이 지체된 것은 20세기의 초반까지 뉴욕과 시카고 사이의 철도 연결선에서 80㎞ 북부에 위치하였기 때문이다. 처음에는 남부 온타리오를 건너서 버펄로를 연결하는 철도선이 성장을 자극했다. 그러나 디트로이트의 도시특성은 육상 수송이 활발해져 자동차산업이 일어나면서 확실해졌다. 자동차의 수요가 증가하면서 디트로이트와 남동부 미시간에 많은 자동차산업 부품 공급자들이 모였다. 이러한 산업들은 대규모의 노동력을 필요로 했고, 디트로이트는 미국에서 제5위의 도시가 되었다. 그러나 1973년, 1979년 석유위기 이후 소형차 수요가 증가하면서 디트로이트는 쇠퇴하기 시작되었고, 2008년 인구조사에서 제11위 도시로 떨어졌다.

디트로이트가 자동차 산업으로 특성화되고, 자동차는 수많은 부품을 필요로 하므로 보조적 산업이 발달했다. 제철과 자동차산업의 공간집중도가 낮아지면서 디트로이트는 서비스 고용과 제조업에서 쇠퇴하게 되었다.

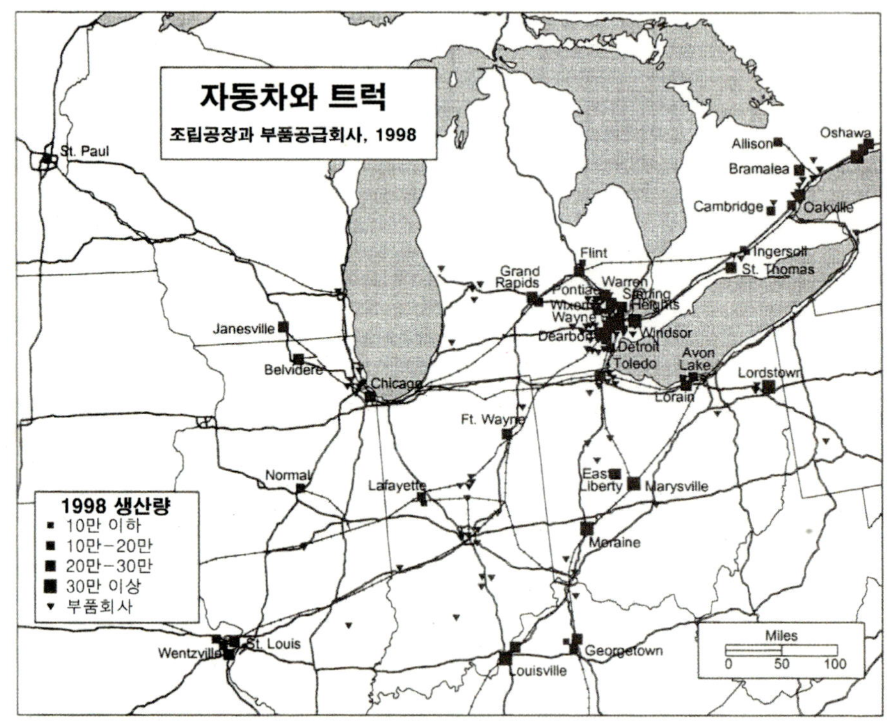

그림 45 자동차 관련 산업(J.C. Hudson, 2002)

시카고와 밀워키

밀워키와 시카고는 오대호 남부의 중심도시이다. 밀워키는 전형적 항구 도시이며 농업 관련 산업도시이다. 맥주산업 중심지이며 중공업과 자동차 제조업의 혼합도시이다. 밀워키는 독일계 이민자들이 위스콘신에 정착하면서 낙농 관련 식품가공업도 발전했다.

내륙 도시 중에서 시카고는 특징적인 도시이다. 미국의 제2도시로 불렸는데 인구가 1996년 270만이 넘고, 뉴욕에 이어 다음으로 중요했다. 하지만 1980년대에 로스앤젤레스가 350만으로 추월하고 넓은 메트로폴리탄 지역을 가지게 된다. 시카고는 중서부의 비공식적인 수도이며 미국 내륙의 가장 큰 중심도시이다.

시카고는 입지적인 불리함으로 초기에는 발전이 어려웠으나 주요 경제 도시로 성장했다. 초기의 거주민들은 미시간 호 습지에 있는 시카고를 선호하지 않았다. 하지만 시카고 강으로 내륙 농업지대로 접근할 수 있다. 마침내 도시가 지역중심지로서 정립된 후 1871년 큰 화재가 발생하여 소실되었다.

시카고의 불리한 위치는 다른 입지배열로 극복되었다. 미시간 호의 남서부 해안에 위치하여 서부와 남서부의 농업지역으로 사람과 물자를 수송했다. 1848년 완성된 일리노이와 미시간 운하는 도시의 중심을 통하여 이어지고 두 개의 대형 수로시스템인 오대호와 미시시피 강이 연결되었다. 또한 뉴욕과 철도로 연결된 후, 시카고는 내륙 수로수송 중심지가 가지는 장점과 주요한 철도중심이 되었다.

시카고는 19세기 후반기 많은 유럽 이민자들을 흡수하면서 주요 교통허브로서 성장했다. 시카고로부터 철도망이 일리노이, 위스콘신과 그 외의 농업 중심지역으로 뻗어 갔다. 넓은 야적장 주변에 육류가공업이 발전하기 시작했다. 이어서 가구, 의류산업들이 양호한 서부 시장 접근성을 바탕으로 입지하기 시작했다. 제철업은 20세기에 들어서서 시카고지역에 등장했다. 동부시카고와 개리, 하몬드, 인디애나의 제조업 지역은 철도망에 시카고로 연결되었다.

　1890년까지 100만 명이던 인구는 1920년 이전에 200만이 되고 1920년대 중반에 300만을 돌파했다. 현재 시카고의 제조업활동은 다양한 생산품이 특징이다. 2003년 도시에서 475,000명 이상이 고용되고 있으며, 전형적 메갈로폴리스의 경제적 노드로서 제조업의 양과 다양성을 보인다. 시카고의 산업적 기반은 전형적인 오대호 항구의 제철 금속 제품 생산과 서부의 농업이다. 칼 샌드버그(1916년)는 시카고의 역동성과 입지에 대해 철도를 잘 활용하여 화물을 적절히 취급한 소시지생산지이며, 연장생산지, 밀의 야적장이라고 표현했다.

그림 46 시카고 스카이라인

오하이오 강과 도시들

오하이오 강 지역의 클러스터는 강에 의한 접근성과 관련이 있다. 오하이오 강의 동부를 따라 작지만 대표적인 도시로 오하이오의 아이론톤과 켄터키의 애쉬랜드가 나타난다. 과거에 작은 제철소와 금속제조공장들이 있었으나 현재는 폐쇄되었다. 공장이 영구적이거나 임시적으로 닫을 경우 그 효과는 지역의 노동력에 악영향을 준다. 신시내티는 농산물을 내보내는 항구도시에서 현재는 균형 잡힌 제조업 구조를 가지고 오하이오 강의 전형적인 금속산업지로 변경되었다.

오대호와 오하이오 강 사이에 위치한 도시들은 다음과 같다. 인디애나에 있는 인디애나폴리스, 포트웨인, 사우드벤드, 오하이오에 있는 데이튼, 리마 콜럼버스, 미시간에 있는 배틀 크릭, 잭슨, 피린트 등으로 내륙의 큰 중심지에서 넘쳐나는 제조업을 담당하는 도시들이다. 포트웨인, 프린트와 같은 도시들은 중공업에 연결되어 있으나 어려움을 겪는다. 인디아나 폴리스, 콜럼버스와 같은 도시들은 서비스와 시장 중심산업으로 빠르게 성장하고 있다.

6. 제조업의 변화와 기술

새로운 농업기술은 농업인구가 감소해도 생산량을 증가시킨다. 남북전쟁 이후 제조업중심에서의 거대한 산업성장은 노동 수요를 창출하고 유럽과 미국의 농촌 특히 남부로부터 이주민을 끌어들였다. 도시의 규모는 산업들이 집적되면서 성장되었다. 도시는 2차 산업에 의존하는 다민족인구로 채워지게 되었다. 1970년 이후 산업은 컴퓨터의 사용과 통신산업이 성장하면서 교육 수준이 높은 노동력이 필요함에 따라, 인구 재배치가 일어났다. 이 재배치는 경제성장의 중심을 기존의 제조업중심지 외부로 이전시켰다.

입지적 원인에 의해서 같은 업종에서 하나의 회사는 성공하고 다른 회사는 실패할 수 있다. 제조업 입지의 상대적 이점이 변화되었기 때문이다. 뉴잉글랜드 남동부는 섬유산업의 대부분을 잃고 전자산업으로 대체되었다. 시카고는 야적장을 잃어 육류가공업은 규모가 작아지고 육류를 팔기 위한 다른 방법을 찾고 있다. 오하이오 강 연안의 도시들은 제철산업이 폐쇄되었다. 이러한 변화는 기술적 혁신에 의한 것이다.

개개 회사의 파산과 성공 뒤에는 광범위한 산업의 전환이 있다. 이러한 변화는 산업별 노동력의 비율에서 알 수 있다. 농업의 비중은 20세기 동안에 점차로 쇠퇴했다. 제조업은 지난 수십 년간 그 비율을 유지했다. 1880년의 50%에서 2002년 2%로 감소한 농업인구는 서비스와 제3산업부문 활동의 증가로 이어진다. 미국과 캐나다 경제의 제3부문 인구는 서비스업에 종사하는 것이며 도소매업, 교통, 레크리에이션, 재정 등이다. 제1차 부문인 농업, 광업, 수산업, 임업과 제2부문인 화학, 철강, 소비재 생산 등은 효율적이며 좀 더 적은 노동력으로 생산성을 증가시킬 필요가 있다. 보다 많은 노동력이 제1, 제2부문에서 서비스를 제공하는 곳으로 전환되었기 때문이다.

자동차산업은 이러한 변화의 예를 보여준다. 로봇의 도입은 자동차 조립 공장의 선정을 다변화시켰다. 기술적인 혁신에다 재고비용을 감소시키기 위해 부품 공급체계가 변화되었다. 부품이 필요할 때 도착하는 정시배달은 마지막 조립장과 부품 생산지가 인접할 필요가 없게 되었다. 다른 기술혁신인 트럭 트레일러의 재디자인은 조립공장과 판매업소 간의 완성된 차의 배달시간을 단축했다. 이러한 혁신들에 의해서 전통적인 자동차 산업 중심지인 남동부 미시간에서부터 다른 지역으로 자동차산업이 확산될 수 있었다.

전 미국에서 10년마다 제조업 고용이 주 별로 이동한 비율을 보면 제조업에 대한 변화를 확인할 수 있다. 고용집중의 변화는 제조업 중심지역에서 두 개의 넓은 지역을 반영한다. 일반적으로 1920년에 애팔래치아 동부에 위치한 주들은 내륙에 위치한 주들보다 제조업이 집중했다. 그러나 1920년 이후에는 동부지역이 내륙지역보다 제조업고용에서 쇠퇴했다. 뉴욕과 뉴저지 제조업 고용은 국가 평균에 못 미친다. 계속적으로 제조업 고용은 변화를 보여주고 있으며 북미에서 다른 지역의 경제적 구성을 변화시킬 것이다.

IV.
농 업 의 특 징

1. 경관

대평원지대의 전형적인 경관은 검은색 토양이다.

몰리솔은 높은 유기물 함량과 토심이 깊다. 50－150㎝ 길이의 초지에서 발달된 토양으로 미국과 캐나다 농업지역과 분리해서 생각할 수 없다. 단조로운 평원지대도 있지만, 원래의 하천 유로에 빙하가 지나면서 변화시킨 작은 습지 호소, 보그 등이 위스콘신 주와 미네소타 주에서 발견된다.

농업생산과 수로수송

자연수로는 생산된 농산물의 수송을 도왔다. 미시시피, 미주리, 오하이오 강과 오대호의 주요 수로로 농산물의 수송이 가능했다. 농산물은 대평원지역에서 수로로(허드슨, 모하크 수로) 뉴욕까지 수송될 수 있었다. 특히 미시시피 강은 내륙하계망으로 남부에까지 확장 연결되며 기복이 작고 강수량이 일정하여 작은 배로 항해할 수 있었으며 하천을 따라 농산물의 생산과 결합된 도시들이 성장할 수 있었다.

농산물 수송도시

신시내티는 오하이오 강을 따라 위치하여 농산물을 수집하고 운송하는 중심지가 되었다. 캔자스 강과 미주리 강이 만나는 캔자스시티도 농산물 수송에 의해 성장한 도시이다. 시카고도 미시간 호의 남부와 일리노이 강의 상류와 인접하여 농산물의 수로수송이 가능한 도시이다.

밀 생산

19세기부터 농업생산의 중심은 점차 서부로 이동하게 된다. 이에 따라 주요 농작물은 밀이 되었다. 밀 정제업이 신시내티, 버펄로 등에서 발달했는데, 이는 밀의 수송로와 관련이 있다.

가축으로서 돼지와 소 사육이 중심이었으며 남부 오하이오(신시내티)의 포크폴리스(Porkopolis)가 대표적 중심지이다. 가축사육과 곡식경작을 겸하는 혼합농업이 주류를 이루게 된다.

옥수수는 혼합농업 경작에 맞는 작물로 선택되었다. 옥수수 대와 잎을 사이로에서 사료화하면서 농부들은 혼합경작을 통해 경제적 안정과 특수작물의 높은 수익을 보장받게 된다. 작물은 3년마다 교대 경작(rotation scheme)하는 방법을 활용했다.

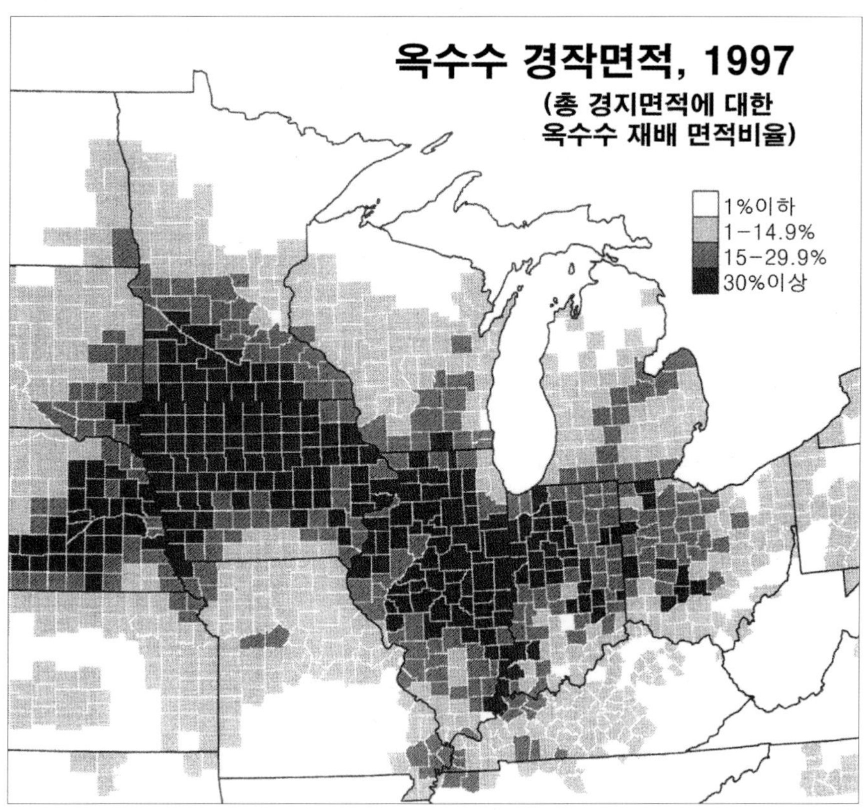

그림 47 옥수수 경작면적(미국 농업센서스, 2000)

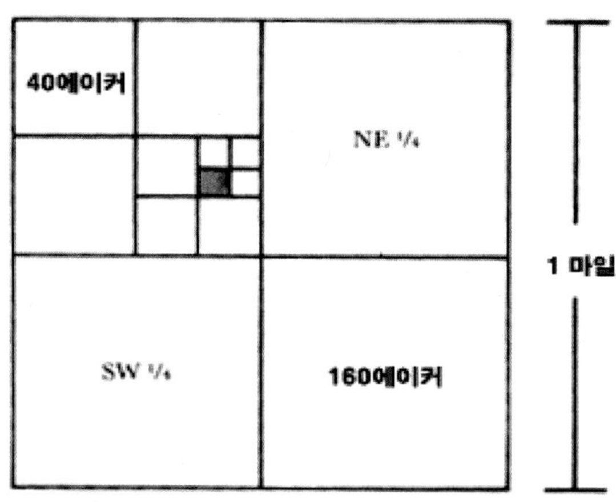

그림 48 section의 구분

2. 농업지대경관

대평원지대의 경관은 단조롭고 6마일로 나뉘는 타운십(township)과 각 타
운십은 섹션(section)으로 분리된다. 1785년의 토지조례(ordinance)에 의해서
오하이오 강 북부와 펜실베이니아 서부의 북서 테리토리 (territory)로 불리는
지역은 타운십(township)과 레인지(range)로 구분되기 시작한다. 각 타운십
은 36개 section으로 분리되고 이에 의해 격자형 도로망이 형성되었다. 따라
서 미국의 애팔래치아에서 로키산맥 사이의 대부분의 지역에서 격자형 도
로망이 나타난다.

기후조건이 곡물생산에 적당치 않은 위스콘신과 미네소타 등 중부에서는 농부들이 목축을 선택했다. 독일과 스칸디나비아계 이민자들이 보리, 오츠, 옥수수 등을 사료로 사용하고, 인근 도시지역에 우유를 공급하고 치즈 버터를 생산했다.

과잉우유로 치즈를 생산 공급하고 미시간 호의 주변을 따라 체리, 사과, 포도 등을 재배했다. 포도는 특히 서부 뉴욕과 이리 호 남부해안을 따라 생산되었다.

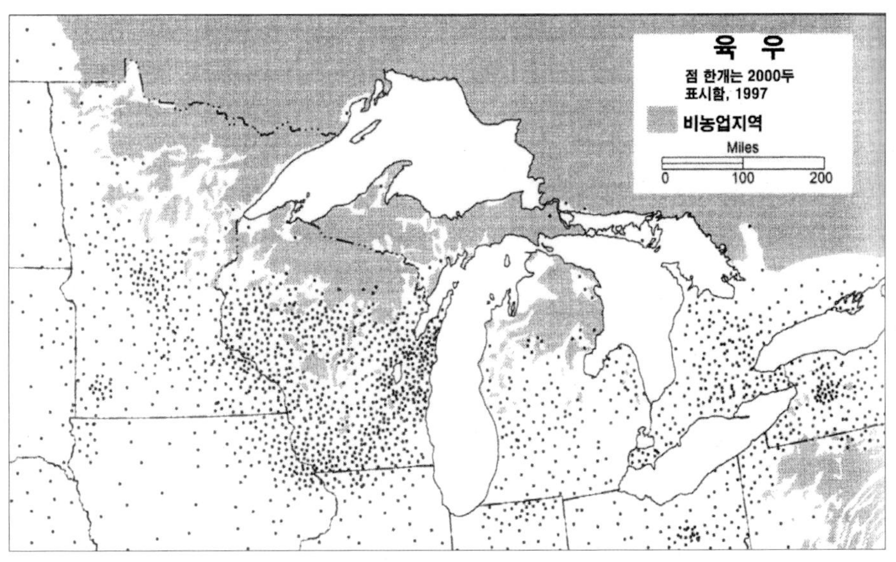

그림 49 미국 농업센서스, 2000

3. 농업지대의 변화

1925년경 20만ha 미만이던 콩 생산 지역은 1949년 450만ha가 되었다. 계속적인 경작면적의 증가로 1980년대에는 1,610만ha가 되어 브라질산 콩과 경쟁하기 시작했다. 2000년대에 약 2,800만ha 면적에서 콩이 경작된다.

콩 재배면적의 증가

콩을 재배하는 면적이 증가하는 요인은 몇 가지로 요약될 수 있다. 먼저 콩을 재배하면 토양에 질소성분이 증가한다. 또한 콩 경작은 환경조건의 제한을 적게 받아서 기후변화에 적응성도 좋다. 콩을 경작하는 농부는 식용유와 그 외의 수출수요가 있어 사용용도가 다양하므로 수입이 상당히 안정적이다. 그리고 사람들이 밀크 대용 식품으로 섭취되기도 한다.

농부들은 옥수수와 콩의 3-4년 윤작에서 옥수수-콩 2년 윤작으로 경작하고 있다. 늦은 봄에 콩을 파종(겨울 밀은 추수 후)하고 옥수수, 밀, 콩(2년)으로 경작한다. 새로운 농기구가 필요치 않으며 시간당 투입인력에 비해 수익률이 높다. 1979년 처음으로 콩 재배 면적이 옥수수 경작면적을 추월했다. 기존에 옥수수지대로 정의하였으나 콩 옥수수지대로 변경되어야 한다.

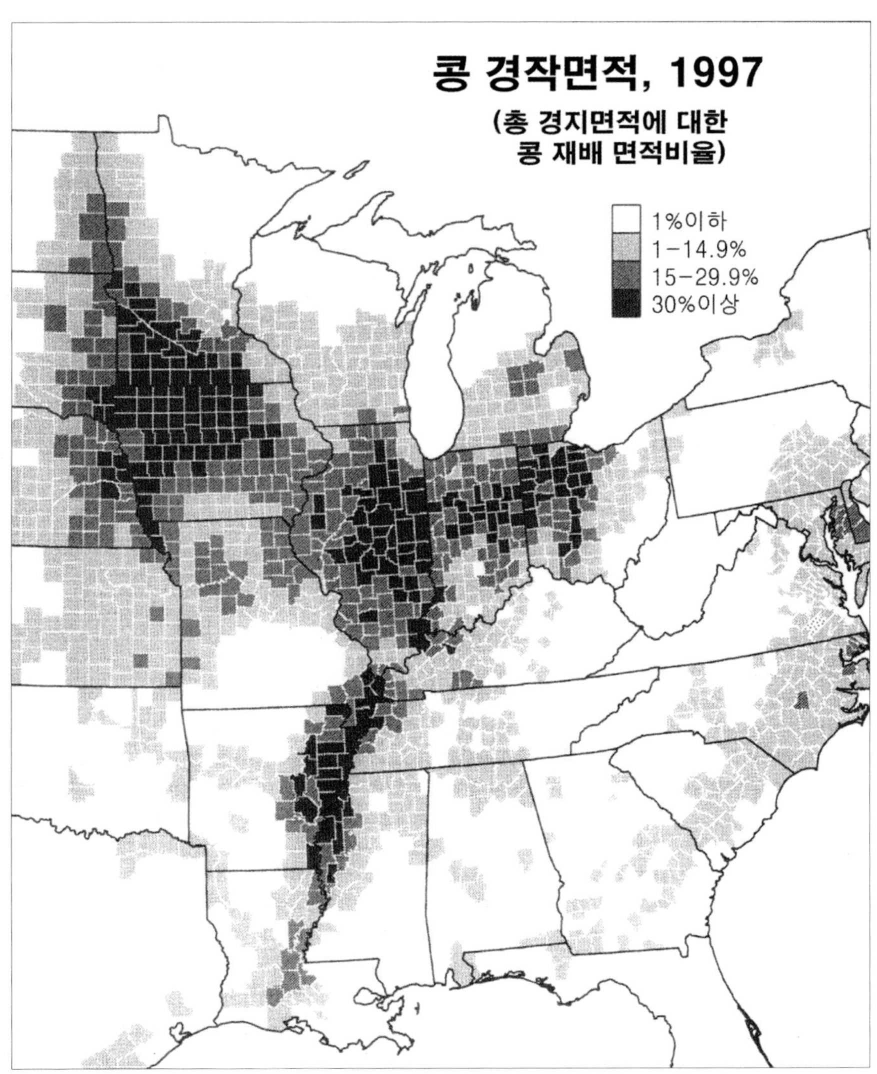

그림 50 콩 경작면적(미국 농업센서스, 2000)

경제 구조적 원인에 의한 농경지의 축소

최근에 농업 경작지가 감소되고 있고 좋은 경지에만 경작하는 추세이다. 1980년대 많은 농가들이 여러 세대에 걸쳐 해 오던 지역을 떠났다. 이는 1970년대 말 농부들이 높은 이자율로 돈을 많이 대출한 데서 기인한다. 그들은 장비나 땅을 구입한 후 경제가 침체했다. 이자율은 올라가고 농산물 가격이 1980년대에 들어서면서 떨어지자 많은 농부들은 대출금 상환이 어렵게 되고 결국 농장을 잃게 되었다.

기계화와 농지규모의 변화

기계화에 따른 농가당 경지면적변화는 다음과 같다.

1900년 당시 경지면적 분포는 농장의 1/3은 73 – 202ha, 1/3은 40 – 72ha, 1/3은 40ha 이하였다. 1935년 정부 농촌개발계획으로 농부들이 농기계에 투자하기 시작했다. 따라서 대형농장이 증가했으며 1964년에는 105ha 이상의 면적을 차지하는 농가가 50%가 넘었다. 1995년에는 74% 이상의 농가가 105ha 이상을 차지한다.

중부일리노이, 북부미주리 등 지역에 대형농장이 많이 분포한다. 소형농장은 오하이오, 남부미시간, 동부인디아나, 위스콘신 등 지역에 분포한다. 농장의 규모는 경제성과 기계화에 의해 변화된 것이다. 경지의 기복이 없거나 작고, 면적이 넓은 지역이 기계화에 유리하다. 농장 기계화에 의해 시간당 생산량이 증가했다.

대규모 농장의 평균수입이 높았다. 미국과 캐나다의 농부들은 수입증가에 적응하여 농장규모를 늘리기 위해 토지를 사지 않고 친척에게서 빌리거나 전적으로 임차해서 경작한다. 일리노이 인디아나, 아이오와의 농장 중 3/4은 시간제 농장(part-time) 혹은 임차농장이다.

유사한 패턴이 농가당 농산물 매출에도 나타난다. 시간제농장(part-time owner)의 매출이 전업 농장(single-owner farm)의 2배가 넘는다(위스콘신 주의 경우).

농업중심지역에서 전 소유농장(full ownership)들이 부분 소유(part owner)나 임차경작으로 전환된 것은 놀랍다. 1969년에서 1992년 사이 모든 주에서 전 소유농장(full ownership)이 감소하고 부분 소유농장(part-ownership)이 증가했다. 또한 임차농지가 상당히 증가했다.

4. 취락유형

농촌지역에서는 쉽게 큰 직사각형 경지, 축사, 사이로, 장비창고, 직선의 도로망을 발견할 수 있다. 그리고 작은 상점과 서비스 중심지가 규칙적으로 나타나고 있다. 농촌의 인구가 줄어들고 새로운 기술도입으로 농촌경관은 변화되기 시작했다.

1950년대까지 농촌인구는 계속적으로 감소했다. 1930년대와 40년대에 농촌의 도로는 포장되어서 농부들이 가축이나 농산물을 시장으로 운반하는

데 활용되었다. 수송효율이 증가되면서 수송비가 감소했다. 도로망이 좋아져서 이동속도가 증가되면서 농부들은 장거리로 움직이게 되었다. 더 큰 중심지까지 이동했다. 점차 소규모의 인구지역은 성장하지 못하고, 도리어 주민이 줄어들었다. 1910년－1950년 사이의 인구변화에 대한 연구(북부 오하이오, 인디아나)에서 마을규모나 인구증가 사이에 직접적 관련성이 발견되었다. 큰 마을은 40년에 걸쳐 인구가 더 증가했다. 그러나 1910년 현재 1,000명 미만의 마을은 인구가 계속 감소했다.

1970년경부터 도시민의 탈도시화가 일어나기 시작했다. 도시에서 일하면서 전원으로 주거지를 이동하기 시작한 것이다. 그들은 장거리 출퇴근을 하기 시작했다. 이 유형은 농업지대와 대평원을 제외한 지역에서 일어났다. 이러한 변화는 교통기술과 관련이 있다. 한편 전원지역에 인터넷 접근이 가능해지면서 주민이 계속 증가할 수 있었다.

V.
캐나다의 중심지역

    캐나다의 중심지역은 퀘벡과 온타리오로 이리 호와 온타리오 호의 북부 해안을 따라 분포한다. 세인트로렌스 강과 퀘벡까지의 북동방향으로 이르는 밴드 형상의 지역이다. 이 지역은 캐나다 발전의 중심이다. 1850년대까지 주민들은 중심지역과 대서양연안을 따라 정착했고 나머지 지역은 개척지로 남았다.

    캐나다는 미국보다 넓다. 미국이 930만㎢이며 캐나다는 980만㎢이다. 캐나다 인구는 60%가 남부 온타리오와 남부 퀘벡에 거주한다. 이 지역은 캐나다의 중심이며 인구와 경제활동의 대부분을 차지한다. 이곳이 도시인구와 산업잠재력이 보이는 곳이다. 산업은 오대호와 세인트로렌스 강이 제공하는 접근성과 배후지의 풍부함으로 발전했다.

1. 프랑스계와 영국계

    프랑스계 정착자들은 세인트로렌스 강의 저지로 확산되었고 1608년 이

후 150년간 이어진 영국계 정착자들은 온타리오 호와 이리 호의 해안으로
부터 내륙으로 확산되어 갔다. 1867년까지 캐나다자치령이 형성되었을 때
인구의 90%가 온타리오 호의 남부와 퀘벡과 북동부의 해안에 거주했다.
그 이후 캐나다인들은 광대한 내륙의 대부분에 정착하기 시작했다.

캐나다의 중심지역은 문화적으로 프랑스계와 앵글로 캐나다권으로 분리
되어 있다. 그것은 정치적으로 유대감이 약해서 나뉠 수도 있지만 역사적으
로 경제적으로는 하나의 국경이며 둘이 되지 않는다. 비교적 작은 규모의
지역이며 이러한 경계 안에 성장을 제한하는 요인들이 있다. 대개 국가의
경제가 성장함에 따라 지역이 증가하지만 캐나다에서 중심의 규모는 1867
년의 규모와 비슷하다.

캐나다의 중심지역의 특성은 북미 대륙의 중심지역의 한 부분이다. 따라
서 캐나다와 미국 사이의 관계는 캐나다의 중심지역과 대륙 내의 중심과의
통합에 영향을 준다.

2. 유럽인의 이동

유럽인은 캐나다 북동부로부터 세인트로렌스 강을 경유하여 들어왔다.
1535년 자크 카르티에는 몬트리올 섬에 도착했다. 17세기에 오대호 연변지
역까지 프랑스인들의 관심이 확대되었다. 프랑스계와 인디안 간의 전쟁이
1763년 끝나고, 프랑스계 가톨릭 인구와 균형을 맞추며 영국계 청교도의 정
착하기 시작했다. 20년 지난 미국 혁명 이후 영국계 가족들이 미국에서 국

경을 건너 들어왔다. 영국계 정착자들은 온타리오 호와 이리 호의 북부해안을 따라 정착했다.

3. 상부 캐나다와 하부 캐나다

유럽인들이 들어오는 루트로서의 세인트로렌스 강에서 도달하는 지역들은 19세기의 초반부에 상부 캐나다, 하부 캐나다로서 행정명이 주어졌다. 남부 퀘벡은 세인트로렌스 강을 따라 프랑스계 캐나다인들이 정착하는 하부 캐나다였다. 온타리오 호와 이리 호로 점유되는 남부는 영국계 캐나다인들로 점유되며 상부 캐나다였다.

유럽으로 수출하는 주요 물품과 정착이 연계되어 있다. 주요 산물은 연속적인 수요가 있는 기본적인 재화이다.

캐나다에서 뉴펀들랜드 해역의 대구어업과 세인트로렌스 하곡에서의 채취된 모피는 초기부터 유럽으로 수출했다. 그러나 동부에서 모피자원이 고갈되고 모피 채취가 서부로 이동하면서 캐나다인들은 목재, 금속, 농업 원자재들의 대체물을 수출하기 시작했다.

18세기 후반부터 무역은 영국으로 향했다. 19세기 동안에 인구가 증가하였으나 세인트 로렌스하곡과 남부온타리오 지역이 시장으로서 경제적 자립을 가져오지 못했다. 영국과의 경제유대는 캐나다 산물의 착취에 의한 것이었다.

1차 대전이 일어나기 전 수십 년간 캐나다의 경제는 변화되기 시작했다.

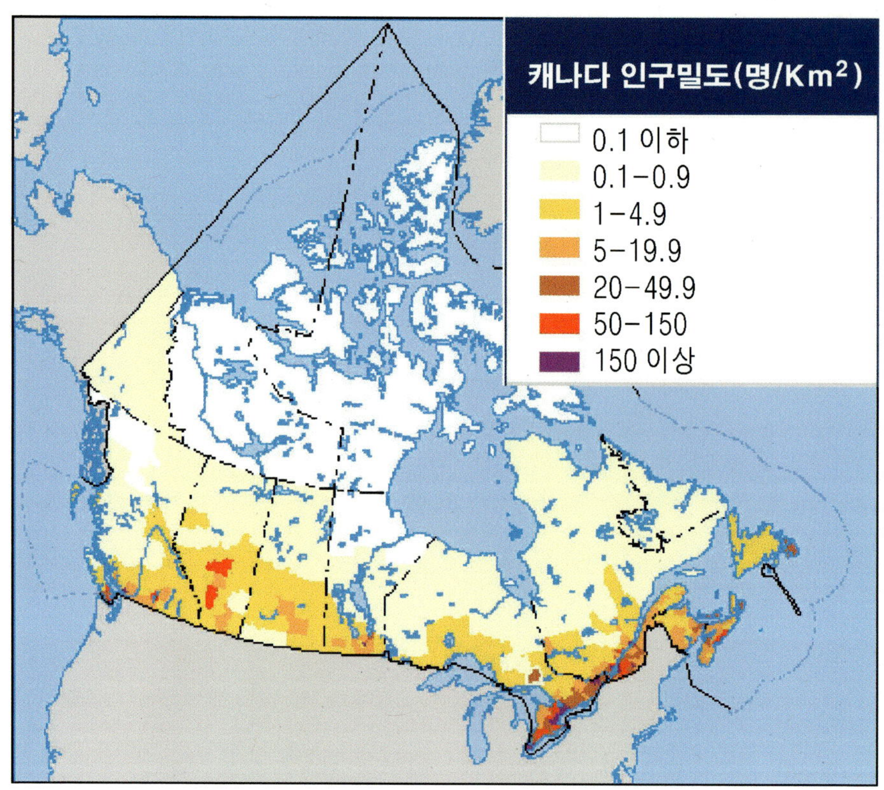

그림 51 캐나다의 인구밀도(http://atlao.nrcan.gc.ca)

우선 미국 경제의 영향력이 캐나다에서 증가하고 캐나다의 국내 제조업이 성장하며, 주민들이 중심지역 외로 확산되기 시작했기 때문이다. 그러나 캐나다의 경제가 주요 생산품에 집중되는 경향에서 완전히 변화되지는 못했다.

　캐나다의 넓은 지역은 환경적 조건이 양호하지 않다. 남부 온타리오 반도와 퀘벡의 좁은 세인트로렌스 저지의 기후와 토양만이 농경에 적당하다.

1867년 연방을 성취하기에 앞서 캐나다의 중심지역에 대한 토지자원의 압력은 상당했다. 그 이유는 인구성장과 주요 수출 품목의 생산이 한 지역에서 이루어졌기 때문이다. 밀집 정착지역은 캐나다의 중심한계 외부로 벗어나지 않았다. 연방이 성립된 후에도 대륙을 건너 인구정착이 확장되었지만, 남부 온타리오와 남부 퀘벡은 경제적, 정치적 문화적 잠재력을 축적하고 가장 앞서는 성장지역으로 남게 되었다.

4. 캐나다 중심지역의 한계

무엇보다도 캐나다 중심지역의 규모를 제한하는 것은 자연환경적 요인이다. 캐나다 순상지는 화강암과 변성암으로 덮여서 중심 북부의 많은 지역을 차지한다. 광대한 지역은 북극해로부터 오대호와 세인트 로렌스하곡까지의 긴 아치를 형성한다. 캐나다의 중심 안에서 순상지는 세인트로렌스 하구로부터 수도인 오타와, 온타리오 호, 남조지아 만에 이르는 서쪽까지이며 토양층이 깊지 않다.

퀘벡의 초기 정착자들은 순상지의 얕고 배수가 안 되는 토양 때문에 남부로 범위가 확산되지 못했다. 농업과 상업인구가 세인트로렌스 강을 따라 10여 마일 넓이의 좁은 밴드에 오랫동안 집중되게 되었다. 온타리오의 농업정착은 19세기 동안에 남부에 집중되어 있었다. 순상지 지형만이 농업을 제한한 것은 아니다. 순상지의 남부한계는 구릉성 고원으로 작은 호수와 습지가 간간이 있다.

빙하와 토양

　순상지의 토양은 얕고 배수가 불량하며 산성이다. 마지막 빙기 동안에 마일 두께의 빙하가 순상지의 남부로 서서히 들어와 덮었다. 빙하가 이동하면서 기반암으로부터 느슨한 물질을 밀어 버리고 빙하퇴적물을 빙하말단부에 퇴적했다. 8000 – 10000년 전에 온도가 높아져 빙하가 녹으면서 순상지의 결정질 기반암 위에는 토양이 남지 않았다. 그 이후 순상지의 토양이 발달하기에는 시간이 짧았다.

그림 52 나이아가라 반도의 빙하에 의한 사질토양

빙하의 침식과 잔존 기반암은 배수를 불량하게 했다. 대부분의 하천은 순상지에서 오대호로 흐르고 세인트로렌스 강과 허드슨 만의 북으로 흐른다. 대부분의 지표수는 호수와 호수로 방황하면서 순상지의 한계를 향한다. 결과적으로 농업적 사용을 어렵게 하고 저습지와 배수가 불량하여 농지로서 활용은 어렵다.

알피솔과 농경

순상지의 남부에 농경에 적합한 토양이 있으며(온타리오와 퀘벡의 세인트 로렌스하곡에서) 이 대지는 기복이 작고 깊고 비옥한 알피솔이다. 빙적토에서 형성되거나 녹은 빙하에 의해서 남겨진 엄청난 양의 빙하퇴적물에서 형성된다. 알피솔(Alfisols) 분포지 가운데 중간 중간에 농경에 적절치 않은 점토와 사질토양이 있다.

남부 온타리오 토지의 60%는 적절한 관리로 농경을 유지할 수 있다. 물론, 19세기 캐나다 농부들은 현대적이며 적절한 관리기술을 가지지 못했다.

경작 기간

토양의 질과 하천 유형뿐 아니라 기후조건이 캐나다인들 정착의 확장을 막았다. 캐나다인들이 내륙으로 정착하면서 오대호 북부에서 멀리 이동했는데 경작 기간이 짧아서 농경에 어려움이 많았다.

중심지역 안에서 온타리오 반도의 경작 기간은 휴런 호와 이리 호, 온타리오 호 방향으로 가면서 증가한다. 세인트로렌스 강 하곡과 세인트로렌스 강과 오타와 강 사이의 저지는 경작 기간이 비교적 길다. 대체로 모든 지역이 연간 120일 이상의 무상기일을 가진다.

또한 경작 기간보다도 여름에 서늘하여 작물성장에 필요한 에너지가 축적되지 않는다는 것도 문제로 지적된다. 작물성장을 위한 에너지는 연간 화씨 42도 이상의 날이 경작 기간 동안 며칠인가로 결정된다. 캐나다에서 농경에 양호한 지역은 연 3,000degree days가 넘는 곳이다. 퀘벡에서 중심지역의 한계는 평균 3,000degree days를 표현하는 선과 거의 일치한다.

캐나다의 대부분 지역의 연 평균 강수량은 대부분 100㎝ 이하이다. 그러나 여름에 서늘하여 증발산 비율이 낮아 강수량은 농경에 충분하다.

5. 정착지의 확대

17세기 프랑스 식민지 개척자들은 캐나다의 내륙을 세인트 로렌스하곡을 통하여 들어왔고 18세기 영국 식민지 개척자들은 캐나다의 중심지역을 남부 온타리오로부터 이동했다. 환경적인 한계로 인해 취락이 확대되지 못했다. 농부들은 북부 순상지와 오대호의 서부에 정착하지 못했다. 정치적 조직이 통합되지 않아서 19세기 말에 비로소 중심지역과 서부지역을 연결하려는 논의가 시작되었다. 중심지역(Canadian Core)의 농업기반은 건전했고 남부 퀘벡과 남부 온타리오에는 정착한 주민이 몬트리올과 토론토에 10만 명이 육박하고 퀘벡, 오타와, 킹스턴, 해밀턴과 런던 등에 만 명이 넘었다.

유럽과의 강력한 무역관계는 중심지역을 공고히 했다. 캐나다 내륙에서
의 주요 작물은 교통망을 통해 중심지역을 통하여 유럽으로 흘러갔다. 지
역에서 개발된 제조업과 원료는 캐나다의 서부 항구와 미국의 남부로 이
동되었다. 캐나다의 재정, 상업, 정치활동의 중심은 캐나다 중심(Canadian
Core)에 남아 있었고 국가적 지배는 확고해 졌다.

6. 중심지역 내부의 긴장

쿼벡과 온타리오의 남부한계는 많은 특성을 가진다. 두 지방은 유럽과 캐
나다 내륙 사이의 주요 접근로에 위치한다. 두 지방은 도시 상업중심지가
발달되어 경제적 조직이 있다. 도시중심지는 경쟁한다. 두 지역 모두 투자와
소유관계로 경제유대를 가진다. 그러나 그들의 유사성에도 불구하고 쿼벡
과 온타리오는 주요한 문화경관의 구성에서 아주 다르다.

7. 문화경관

중심지역(Canadian Core) 안에서 캐나다 문화의 이중성이 대조적으로 나타
난다. 쿼벡인들은 그들의 프랑스계 조상과 문화를, 남부 온타리오에 사는 주
민들은 영국계 문화를 존중한다. 최근에는 아시아에서 많은 이민을 받았다.

퀘벡과 온타리오 사이의 재정착이 일어났다.

프랑스계 캐나다의 특징은 언어적 독특성, 종교, 역사적 정체성, 개인의 태도, 취락유형과 프랑스계 문화를 유지하려는 방어적인 정치적 태도로 볼 수 있다. 때때로 그들이 소수계이므로 문화가 열정적이거나 신랄하게 보인다. 2001년 모국어가 불어인 주민의 10명 중 9명이 퀘벡에 살고 있다. 뉴브룬스위크 주민의 1/3과 온타리오의 485,630명이 그들의 제1언어를 프랑스어로 선언하고, 캐나다 인구의 1/4 미만이 프랑스어를 제1언어로 보고 했다. 캐나다인의 나머지는 영어를 그들의 제1 언어로 주장한다.

프랑스계 캐나다는 문화적으로 융합되지 않기 위해서 차이를 유지한다. 영국이 프랑스령 캐나다를 1763년 정복했을 때 세인트로렌스 저지 지역에 프랑스계 농부들이 정착했다. 퀘벡과 몬트리올 등의 도시들은 프랑스적인 특징을 유지하며 상업중심지로 성장했다. 프랑스 무역업자들과 모피 채취 자들은 프랑스계 영향력을 오대호 외에서 확장하여 오하이오와 미시시피 강까지 확대했다. 그러나 영국인들이 점유하면서 프랑스로부터의 주민이 주와 문화적 이입은 끝났다. 그러나 그것이 퀘벡의 문화적 기반을 파괴하 지 않았다. 퀘벡에서 프랑스로 향하던 무역이 단순히 영국으로 방향을 바 꾸었다.

8. 몬트리올과 퀘벡

미국 독립 후에 1780년대에 영국계 캐나다인들은 퀘벡보다 인구가 적으며 농업적 잠재력을 가진 동부 캐나다로 이주했다. 결과적으로 퀘벡에서 프랑스문화가 약화되지 않고 유지되었다. 19세기 동안에 몬트리올은 영국지배의 국가 경제 안에서 상업적, 산업적 중심지로서 성장하면서 동부에서의 프랑스문화를 유지했다. 도시 문화적 특이함은 비프랑스계 캐나다인들을 끌어들이면서 계속 성장했다.

프랑스계 캐나다의 농촌인구가 퀘벡 주의 도시들로 이주하고 그들은 프랑스계 캐나다 문화를 도시 중심지에서 유지하도록 도왔다. 퀘벡의 농촌지역에서 몬트리올로 이주한 사람들도 프랑스계 캐나다의 문화를 유지했다. 현재 퀘벡 주에는 80%의 인구가 도시에 거주한다.

퀘벡과 달리 온타리오에는 미국 독립 후 유럽인들이 없었다. 소수의 가족들은 노바스코샤와 뉴브룬스위크로 이주했고 대부분 온타리오로 가서 영국계와 미국계 정착자들의 물결과 합쳐졌다.

영국은 식민지 정책으로 프랑스계 캐나다 농업인구와 균형을 유지하기 위해 영국에서 남부 온타리오로 이주자를 끌어들였다. 대부분은 영국인이지만 스코틀랜드인, 아일랜드인들도 많았다. 1867년 연방으로 된 후 남부 온타리오가 영국계 캐나다 문화의 중심이 되었다.

9. 연방제도

캐나다연방은 문화적이며 지역적 다양성을 인정한다. 정부 권력의 일부는 중앙정부에 귀속되고, 일부는 지방이나 주가 행사한다. 이상적으로 연방은 지역적 차이를 수용하면서 통일된다는 점이 특징적이다. 그러나 지역적 차이가 지속적이며 깊어서 지역적 관심과 이익이 중앙의 권위와 국가적 책임의 관점에서 충돌할 수도 있다.

이중 문화주의의 역사

1534년 자크 카르티에(Jacques Cartier)는 대서양연안을 따라오다 세인트로렌스 강 항해 중 강가에 있는 마을을 발견하고 미래에 퀘벡이 되는 스타다코나(Stadacona)에 도착했다. 또한 호체라가(Hochelaga)에 도착했으며 후에 이를 몬트리올(Montreal)이라고 명명한다. 그는 원주민과 모피무역을 하지만 더 이상 강 상류로 진출하지 못한다.

1663년부터 프랑스 식민지역은 루이 14세의 지시를 받았으며 귀족이 토지를 소유하고, 농민과 부르주아가 있는 프랑스의 영향을 받았다. 지주는 황제에게서 직간접적으로 토지를 받는 세뉴어(seigneur) 제도였다.

장방형 토지

세뉴어(Seigneuries)는 대개 사다리꼴 형태로 하천의 뱅크에 한 면이 접하고 있다. 세인트로렌스 저지가 이러한 세뉴어로 나누어지고 다시 로투르(roture)

로 나뉜다. 로투르(roture)는 길이가 길어 너비의 10배이다. 캐나다와 북미에
서 프랑스인들의 정착지에는 장방형 세뉴어(seigneuries)가 농촌경관으로 보
인다.

그림 53 프랑스계 캐나다의 토지경관(장방형 토지)

　　프랑스 무역업자들과 영국 무역업자들은 원주민과의 교역을 차지하기 위
해 계속적으로 갈등을 초래하다가 1759년 퀘벡에서 전투가 발생했다. 프랑
스군이 5일 만에 항복하고 일 년 후에는 몬트리올에서도 무조건적으로 항복

했다. 1763년 파리조약하에서 프랑스는 북아메리카의 모든 영유권을(남부 뉴펀들랜드 해안의 센 피에르와 미켈론 섬을 제외하고) 영국에게 이양했다.

프랑스계는 퀘벡에 남게 되었다. 19세기 초까지 캐나다에서 프랑스어를 말하는 인구가 더 많았다. 1760년경 프랑스계는 퀘벡 주에 약 7만 명이었고 5만 6천 명은 세인트로렌스 강의 경계지역에서 살았다. 그들의 생활은 주로 자급적 농업과 모피무역에 종사하였으며 유럽에서와 비슷하였다.

퀘벡 시는 수도로 남아 있었고 경제적 측면에서 몬트리올과 경쟁은 아니었다. 몬트리올은 종교적 중심지였으며 세인트로렌스 강과 오타와 강의 합류점으로 모피무역의 중심지가 되었다. 영국계가 들어오면서 상업과 산업의 중심지로서 발전하기 시작하고 1830년대에 퀘벡 시를 능가해서 캐나다의 가장 큰 산업중심지가 되었다. 1825년 완성된 라신운하를 따라 제분소와 정유소 등이 건설되고 몬트리올 섬의 남부 끝에서 도시가 성장하게 되었다. 20세기 중반까지 가장 큰 도시였던 몬트리올은 영국계 자본투자가 산업을 일으키는 데 중요했다.

퀘벡에는 대부분의 인구가 농경에 종사했다. 18세기에 세인트로렌스 강을 따라 농지가 풍부하여 밀이 주 곡물이었다. 퀘벡에서 70마일 북부까지 밀이 경작되고 19세기의 초에 기온이 하강하면서 남부로 이동했다.

농촌경관

남부 퀘벡과 남부 온타리오의 농촌경관은 유사점이 있으나 매우 다르다. 두 지역은 곡물과 가축생산이 지배적이었다. 생산성이 낮은 내륙지역은 거의 자급자족의 농업에 사탕제조업과 임업이 보완적이다.

　문화는 경관에 그 흔적을 남긴다. 퀘벡과 남부 온타리오 지역에서 프랑스 문화는 세뉴어(seignerries)라고 불리는 토지를 남겼다. 개인은 랭(rang)에 따라 각 블록에서 토지를 받았다. 이 제도하에서 농지는 하천의 제방을 따라서(호수의 호안을 따라), 평행하게 건설되는 도로를 따라서 위치한다. 농지는 길고 좁은 형태로서 해안이나 도로에 수직으로 나뉜다. 각 토지는 로투르(roture)라고 불리며 그 규모는 192피트에 해당되는 프랑스단위인 아르팡(arpent)이다.

　랭(rang) 체계는 각 토지소유주에게 교통로를 향해 비슷한 정도의 접근성을 제공한다. 이 체계는 습지해안선과 배수가 잘되는 테라스를 모두 포함하여 토지 질의 차이를 결합했다.

　토지의 수요가 증가하면서 새로운 도로가 내륙으로 건설되었는데 기존의 도로와 해안에 평행하게 건설되었다. 새 도로에서 제2, 제3, 제4의 랭으로 구별되었다. 프랑스는 남부 퀘벡의 최고의 농지를 랭 체계로 나누었다.

　퀘벡의 농촌인구가 증가하면서 프랑스계 캐나다인들은 미국으로 이주하거나 캐나다 도시로 이주했다. 농촌에 남은 많은 프랑스계 캐나다인들이 퀘벡의 개척지를 순상지와 세인트 로렌스하구의 남부까지 확대했다. 19세기에 들어서면서 캐나다에서 밀 경작지가 확대되었다. 퀘벡의 농부들은 밀 경작에서 낙농으로 전환했다. 낙농이 건초와 채소, 사탕수수, 과일, 양계 등의 특수작물과 함께 유지되기 때문이다. 드디어 2차 대전 이후 많은 공장과 서비스일자리가 증가하면서 한계농지는 삼림으로 환원되었다.

온타리오의 농촌

온타리오의 농촌경관은 보다 분산적이다. 패턴은 원래의 영국형에서 장방형 토지로 거의 변하지 않았다. 대부분의 남부 온타리오의 농부들은 1800년대 초기에 현금 작물로서 밀을 경작했다. 이는 캐나다 중심지역과 미국동부의 증가하는 식량수요를 맞추기 위한 것이다. 그러나 1800년대 중반부터 경작량은 감소했다. 계속되는 밀 경작으로 알피솔의 토질이 떨어졌기 때문이다. 농부들은 다양한 작물을 재배하기 시작했고 19세기 후반기에 프레리에 정착하기까지 온타리오에서는 밀이 대표 작물이었다. 그 이후 2차 대전까지 온타리오에서 혼합경작으로 작물과 함께 가축이 사육되었다. 점차로 1920년 – 1930년대에 우유 저장시설과 수송이 개선되면서 농부들은 낙농을 시도했다. 남동부 온타리오의 윈저, 해밀턴 근처의 농가에서 낙농이 주로 행해진다.

담배와 과일생산

남부 온타리오에는 특수작물 농업이 중요하다. 이리 호안을 따라 북동부에 나타나는 사질 토양은 고가의 담배경작을 가능하게 하여 높은 소득으로 농가의 안정을 가져왔다.

나이아가라 반도는 온타리오와 이리 호 사이에 위치하며 토양과 기후가 과일 재배에 적절하다. 포도, 복숭아, 체리 등이 이곳에서 자라는 중요한 과일이다. 그러나 나이아가라 반도의 과일 수확은 계속 축소될 것 같다. 증가하는 인구에 의해 도시지역이 확장되고 있기 때문이다. 나이아가라 반도에서 과일재배에 적절한 토양이 도시개발로 상실되고 있다.

온타리오의 농업중심지역은 기계사용이 일반화되며 집약적 경작으로 변화되고 있다.

10. 도시와 산업

캐나다의 중심지역(Canadian Core)은 세 가지 특징이 있다. 특이한 두 개의 문화(프랑스계와 영국계)가 병존하는 것이며, 농업생산이 아직도 중요하며 제3의 특징은 산업과 도시성장이 두 지역 안에서 일어났다는 것이다.

캐나다 중심지역 성장의 다양성은 각 지역의 상황, 역사, 환경을 반영한다. 성장 차이는 미국과의 상호작용을 반영한다.

프랑스계 캐나다

남부 퀘벡은 2001년 인구 340만의 몬트리올이 도시산업중심지이며 온타리오에는 인구 460만의 토론토가 중심지이다. 최근 퀘벡의 승계에 대한 불안으로 토론토 인구가 9.8% 증가했다. 몬트리올이 3% 증가하는 데 반해 1991년과 2001년 사이에 퀘벡의 인구가 급속히 증가했다.

몬트리올

대몬트리올권(greater Montreal zone)은 군사적이며 또한 상업적 입지가 유리하여 식민지 시기에 성장했다. 초기 정착은 세인트로렌스 강 섬의 말단에서 시작되어 오타와 강과 합류하는 지점이다.

몬트리올은 캐나다의 내륙으로 가는 두 개의 주요 수로를 방어할 수 있는 곳이다. 몬트리올은 상업과 무역에 유리한 입지로서 1820년과 1830년 사이에 퀘벡의 인구를 능가했다.

몬트리올은 1867년 연방이 되면서 상업적, 재정적, 교통의 중심지가 되었다. 도시의 경제는 자체적으로 성장하는 궤도에 들어갔다. 산업이 계속적으로 발전하면서 더 많은 노동력이 모이고 시장이 커졌다. 또한 노동과 시장 성장은 더 많은 노동을 끌어들였다.

몬트리올의 인구구성은 프랑스계가 아닌 경우가 더 많다. 초기의 도시성장에는 영국계 재정가와 상업가가 중심이 되었고 대부분의 노동력은 프랑스계 캐나다인이었다. 이로 인해 몬트리올은 프랑스계와 영국계 문화를 갖는 도시가 되었다.

퀘벡

퀘벡의 특성은 몬트리올과 다르다. 퀘벡은 세인트 로렌스하구에 위치하며 입지적으로 불리하다. 퀘벡은 프랑스계 캐나다인의 문화적, 종교적, 지방적 중심지이며 2001년 682,757명으로 증가했다.

남부 퀘벡에서 주로 도시가 성장했다. 자원에 기초한 산업성장이다. 트로와리비에르(Trois – Rivieres) 같은 경우 순상지의 펄프, 임목, 수력과 같은 자원과 수입된 보크사이트와 합쳐서 성장했다. 테트포드(Rhetford) 광산과 셸브룩(Sherbrooke) 등은 지역의 광물과 노동력, 산업투자를 이용하여 성장한다. 이 도시들은 수송과 재정적 측면에서 몬트리올의 영향권 아래에 있다.

토론토

토론토는 남부 온타리오의 중심지이며 몬트리올과는 경쟁관계이다. 처음에는 캐나다 중심지역 내에서 토론토는 성장 이점이 없는 것처럼 보였다. 유리한 점은 도시가 온타리오 호에 위치하며 좋은 항구와 조지아만(Georgian Bay)으로의 통로인 토론토패스의 출구에 위치한다는 것이다. 반면에 토론토는 몬트리올이 가진 초기 도시성장 잠재력이라든가 자연 수송로는 없다.

토론토는 몬트리올의 경제성장과 비슷하거나 능가하는데 이는 몬트리올이 가지지 못한 유리한 점들을 가지기 때문이다. 영국계가 남부 온타리오에 들어서자 정부는 지역의 수도가 킹스턴, 나이아가라, 런던보다는 요크(토론토)여야 한다고 결정했다. 따라서 토론토는 온타리오의 정치적 수도가 되고 퀘벡 시는 퀘벡의 수도가 되었다. 토론토는 행정적 목적으로 요크의 수도여서 도로로 철도로 다른 지역과 잘 연결되어야 했다. 그러므로 연방이 되기 전에 토론토는 육로망으로 온타리오의 중심이 되었다. 육로수송망이 토론토를 중심으로 발달되고 도시는 몬트리올보다도 넓은 농업지역과 연결이 잘되었다. 이러한 점들이 토론토의 경제가 성장하는 데 기초를 제공했다.

미국과의 관계

초기의 캐나다 도시성장은 미국의 발전에 의해서 자극되었다. 대부분의 미국 상업과 산업적 활동이 북동부 해안을 따라서 집중되어 몬트리올이 미국 북동부 도시로의 접근이 유리했다. 19세기 후반에 들어서는 북미의 제조업 핵심이 중서부로 확장되면서 토론토가 성장하기 시작했다. 또한 오대호 위치, 디트로이트를 통한 철도, 나이아가라를 통한 버펄로의 접근 등이 도시 성장에 도움이 되었다.

남부온타리오의 도시유형은 세 개의 지역에서 성장했다. 온타리오 호 서부 말단주변의 도시산업지역, 남부 미시간의 산업중심과 인접한 온타리오의 도시들이다.

그림 54 토론토 ⓒwiki

해밀턴

　해밀턴은 온타리오 호 서부의 철광도시다. 19세기 초 철광이 수피리어 호에서 웰랜드 운하를 통해 수송되다가 후에는 세인트로렌스 강을 통해 운반되었다. 석탄은 애팔래치아로부터 버팔로를 통해 철도로 공급되었다. 해밀턴은 나이아가라폭포에서 세인트로렌스 강과 오대호의 수로연결에 의한 수력발전으로 화학, 섬유, 금속제련, 식품가공업 등을 발전시켰다.

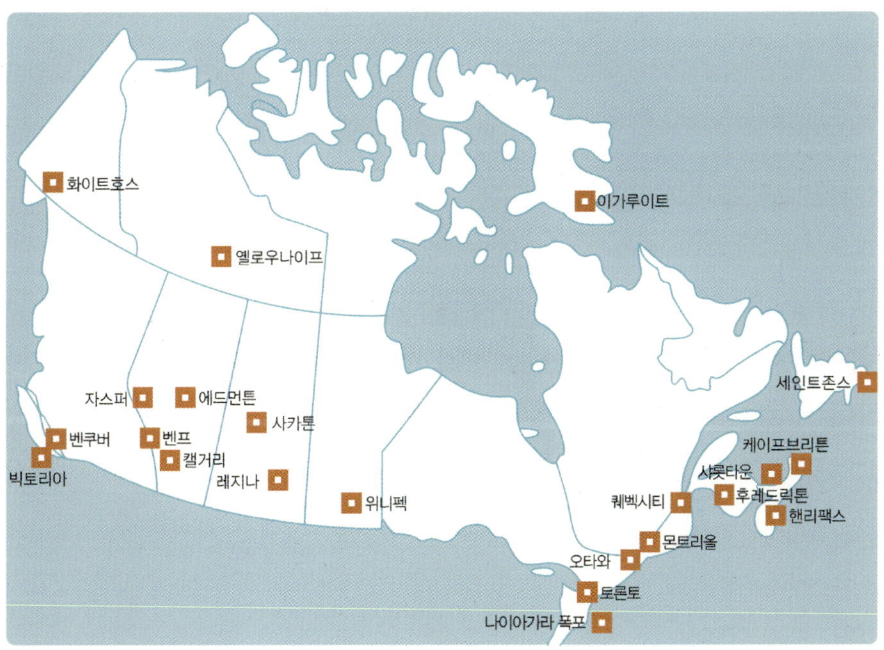

그림 55 캐나다 주요 도시

토론토의 바로 인접 배후지는 작은 초승달 모양의 지역이며 경제활동이 활발하다. 토지는 집약적으로 이용되고 오타와, 토론토와 해밀턴이 포함된다. 오타와는 자동차 중심지이며, 토론토, 해밀턴 등지에서 고가의 농업생산품, 화학, 금속생산업이 생산되고 있다. 토론토 경제적 부흥의 중요성은 지역의 별명인 황금의 말발굽(편자)에 나타난다. 캐나다에서 소득수준이 가장 높다. 그러나 어두운 면도 있어 생산 잠재력과 소득이 높은 지역이지만 환경적인 측면에서는 문제가 있다.

토론토와 해밀턴의 초기 성장 원인은 저렴한 수송과 원료자원, 에너지, 시장의 접근과 노동의 집중 등으로 도시화와 산업화를 이루었다. 이 지역은 규모는 작지만 메갈로폴리스의 특징과 문제점을 보인다.

사르니아와 윈저

석유매장은 19세기 중반 이후 사르니아에 가까운 오일스프링에서 발견되었다. 정유소는 20세기 초 사르니아에 세워졌다. 나중에 앨버타는 파이프라인으로 연결되어 2001년 88,331명의 석유화학공업 중심도시가 되었다.

남동부 미시간의 자동차 생산지와의 산업 간 연계는 국경을 넘어서 윈저가 발전할 수 있었다(2001년 307,877명). 윈저의 산업은 식량과 음료산업이다. 사르니아와 윈저의 성장은 주요 산업수로인 오대호 연안에 위치한 입지의 영향이 크다.

그림 56 윈저(디트로이트에서 마주 보임)

남부 온타리오의 도시 지역이 동부로는 토론토와 해밀턴 지역 사이에서 발전했고, 서부로 윈저와 사르니아 사이에 발전했다. 겔프, 키치너 워털루, 브랜트포드와 런던 같은 도시들은 동서 철도라인을 따라 위치한다. 다른 제조업 클러스터의 도시들과 달리 이러한 도시의 산업은 지역의 자원과 관련이 있다.

남부 온타리오의 산업화는 남부 퀘벡의 경우보다 범위가 확산되어 왔다. 두 지역은 각각 하나의 도시지역을 가진다. 그중에 온타리오는 퀘벡보다 더 큰 도시들을 포함한다.

퀘벡은 캐나다 다른 지방보다 평균수입이 낮다. 몬트리올과 퀘벡의 도시 중심지의 인구는 고소득 가족과 한계 소득을 가진 가족들을 포함한다. 이러한 소득의 차이는 퀘벡 주 농촌지역에서도 존재한다. 그러나 퀘벡 주는 캐나다의 중심(Canadian Core Region)에서 상당한 면적을 차지하며 1996년에 가계소득 평균이 50,935불이다.

남부 퀘벡(몬트리올)과 세인트로렌스 해로

남부 온타리오는 남부 퀘벡보다 미국의 제조업지역에 접근하기 쉬웠다. 수십 년 동안 온타리오는 오대호로의 접근이 유리했으나 1959년 세인트로렌스 해로가 완성되면서 퀘벡에도 변화가 왔다. 운하와 록이 충분히 크며 오대호로 수로가 열려서 해로로 직접 수송할 수 있게 되었다. 따라서 남부 퀘벡이 내륙과 미국의 산업으로 잘 연결된 것이다.

그러나 40여 년 동안 볼 때 세인트로렌스 해로가 남부 퀘벡에 준 영향은 대단치 않았다. 이상하게도 남부 퀘벡은 해로로 피해를 보았다. 상당한 산업이 세인트로렌스 강의 가까이에 또는 강을 따라 입지하였다. 해로가 미국과 캐나다의 대륙 산업 핵 지역(industrial core zone)에 도움을 주었지만 몬트리올은 수송활동이 줄었고 화물 취급과 관련된 산업잠재력을 잃었다. 배가 멈추지 않으면서 세인트로렌스 강을 오르고 내려 도움이 되지 못했다.

11. 지역조직과 대륙융합

도시의 위치

'**위치**'라는 지리적 개념은 국가의 경제에 큰 영향을 준다. 퀘벡의 예를 보면 해상수송의 머리에 위치하여 혜택을 가졌고 후에는 철도 연결이 나빠서 어려움에 직면했다. 몬트리올은 세인트로렌스 강을 따라 건설되어 수로 교통이 급물살에 의해서 방해받고 뉴욕 시에 접근이 가능한 장소이다. 윈저는 직접적으로 디트로이트에서 디트로이트 강을 건너서 발달했다. 미시간 런던은 토론토와 윈저 사이에 중간에 위치하고 농업지역의 가운데로 두 개의 주요 육로 수송선을 가진 지역이었다.

겔프와 같은 도시는 작지만 중요한 성장 자극은 20세기까지 없었다. 킹스턴과 같은 도시들은 도시 위치의 경제적 중요성을 변경하는 외부요인이 변경되면서 성장－쇠퇴－성장을 거쳤다. 우리는 국가의 경제활동의 분포를 앎으로써 도시의 존재를 이해할 수 있다.

캐나다의 중심지역 Canadian Core Region

캐나다의 중심지역은 부분적으로 문화중심이며 국가 경제구조의 중심지이다. 정치적인 움직임이 캐나다 중심지역을 나누려는 위협이 있으나, 지금까지 지역의 경제와 도시 간 결합은 캐나다국가 중심지역을 잘 묶어 놓고 있다.

공간경제

다른 지리적 개념은 지역이 따로 존재하지 않는다는 것이다. 지역들은 어떠한 특징을 가지며 다른 지역과 연계된다. 각 지역과 장소는 사람, 물자, 사상에 의해서 다른 지역과 연결되었다. 이러한 상호관계는 경제적 활동에 기본적이다. 공간적 특성 때문에 경제적 상호관계의 유형은 지역의 공간경제로 표현된다.

캐나다의 국가중심의 공간경제는 북아메리카 대륙의 틀 안에서 핵심의 위치를 반영한다. 오대호를 건너고 세인트로렌스 강을 따라서 두 나라를 연결하는 상업적 수송은 미국과 캐나다를 분리하기도 하고 합치기도 한다. 철도, 도로, 항공과 통신접촉을 통해 토론토와 몬트리올에 중심을 두고 경제적으로 융합된다. 이러한 국경을 넘는 융합은 2003년 극적으로 표현되었다. 남부 온타리오에서 전력공급이 끊어지면서 북동부 미국이 전력을 잃었던 사건이 일어났다.

캐나다에 대한 외국자본

100년 이상 동안 대륙의 경제적 융합이 있었다. 미국의 사업과 사업체들은 캐나다 경제에 집중적으로 투자하고 있다. 1900년에는 미국 자본이 캐나다 투자의 14%였는데 영국계회사가 그 균형을 제공했다. 1926년 미국의 투자부분은 53%로 증가하고 1966년에는 80%가 되었다. 2001년에는 미국 자본의 캐나다 연간 투자가 1,390억 달러를 상회했다. 캐나다인들은 2001년 미국 물건을 1,630억 달러 구매하고 미국 소비자들은 캐나다 물품을 2,190억 달러어치 구매했다.

미국의 투자

오랜 기간 동안 미국 제조업자들은 관세를 피하기 위해 캐나다에 투자했다. 투자패턴에서 증가하는 미국경제의 힘과 약해지는 영국경제가 나타난다. 미국회사들은 지사를 설립하여 캐나다 시장과 영국시장에 관세없이 들어갈 수 있다. 투자의 형태는 캐나다 순상지 자원의 개발과 캐나다 노동자의 고용, 공장의 건설 등을 의미한다.

미국은 주로 탄광과 제조업에 투자했다. 캐나다 광산업의 50% 이상, 특히 연료광산이 미국회사에 의해서 소유되고 운영된다. 캐나다의 제조업의 40% 특히 자동차산업에 미국자본이 투자되었다. 미국회사는 7,000개의 캐나다 회사와

그림 57 원저에 위치한 크라이슬러 공장

연결된다. 캐나다 제조업이 남부 온타리오와 퀘벡의 중심지역에 집중되어 이들 지역은 미국자본에게 특히 매력적이다. 미국이 투자한 회사의 70%는 온타리오와 퀘벡에 위치한다.

캐나다 민족주의

캐나다인들은 과도한 미국자본투자에 대해서 우려한다. 특히 캐나다 민족주의자들은 경제적 문화적 융합에 대해서 불안을 표시한다. 퀘벡 민족주의는 앵글로 문화로의 융합에 대해 저항한다. 실제로 캐나다의 헌법은 미국자본의 침투한계를 명시하나, 너무 제한적이다. 캐나다가 미국으로부터 경제적으로 독립하기를 강력하게 원하지만 경제적 유대는 두 나라가 같이 있음으로써 강하게 만든다. 양국의 시민들은 서로 레크리에이션이나 사업을 위해서 쉽게 입·출국한다. 미국과 캐나다의 경계는 도로에 있는 표시에 불과하고 관세청 관리에게서 간단한 질문만 받는다.

캐나다와 미국의 경계지역은 융합된 대륙의 산업중심지역을 발전시켰고 이것은 양국의 국민들에게 도움이 된다. 미국으로부터의 캐나다에 대한 문화적 경제적 영향이 캐나다로부터의 미국을 향한 영향보다 크다. 2002년 미국 수출의 23%는 캐나다로 갔고 캐나다 수출의 88%가 미국으로 갔다.

캐나다의 내부적 불만에도 불구하고 대륙의 문화와 경제의 틀 안에서 미국과 캐나다는 융합되고 영향을 받는다. 이러한 경제적 현실은 퀘벡의 독립에 대한 정치적 결정에도 불구하고 남부 퀘벡과 남부 온타리오에 강력하게 남아 있다.

VI.
캘 리 포 니 아

　캘리포니아는 가장 높은 도시인구 비율을 보이는 태평양 연안의 인구가 밀집된 지역이다. 또한 험한 지형과 물 부족을 나타낸다. 특히 온난한 기후로 야외생활을 즐기는 미국인들이 거주하고 싶어 한다.

1. 자연환경

　해안을 따라 북동방향의 산맥이 발달하여 해안산맥(Coast Range)이라 부르며 1,000－1,600m 고도이고 지각 판에 의한 압력 때문에 단층과 습곡이 많은 지역이다. 캘리포니아 단층은 해안 산맥과 같은 방향의 북서방향이며, 샌 앤드류스(San Andrews) 단층은 캘리포니아에서 임페리얼 밸리(Imperial Valley)를 통해 샌프란시스코의 포인트 아레나 북부까지 연장되어 계속해서 태평양으로 이어진다.

2. 지진과 단층

1906년 샌프란시스코 지진 때 샌앤드류스 단층을 따라 6m 정도 지각이 수평으로 이동했다. 지진학자들은 주요 스트레스가 계속적으로 발생하여 큰 지진을 가져오며 샌앤드류스 단층지대가 1906년 이후 큰 지진이 없었으며 로스앤젤레스 근교가 120년 동안 지진이 없어서 큰 지진의 위험이 다가온다고 예측하고 있다.

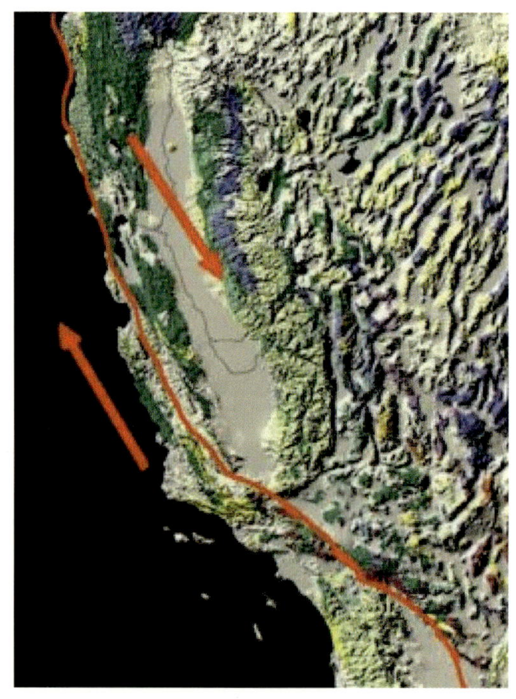

그림 58 샌앤드류스 단층 ⓒwiki

　　전 지역이 많은 지진의 위협하에 있으며 고속도로, 빌딩, 주택이 단층지역 근처에 위치하여 지진 보험이 비싸다. 샌프란시스코 베이지역과 로스앤젤레스 분지는 주요 지진 활동의 중심지이다. 지진발생에 대비하여 대도시의 고층 건물에 대한 제한이 있었으나, 건설공법의 개발과 구조적 자재의 개발로 건물 높이에 대한 법률을 수정 보완하고 있다.

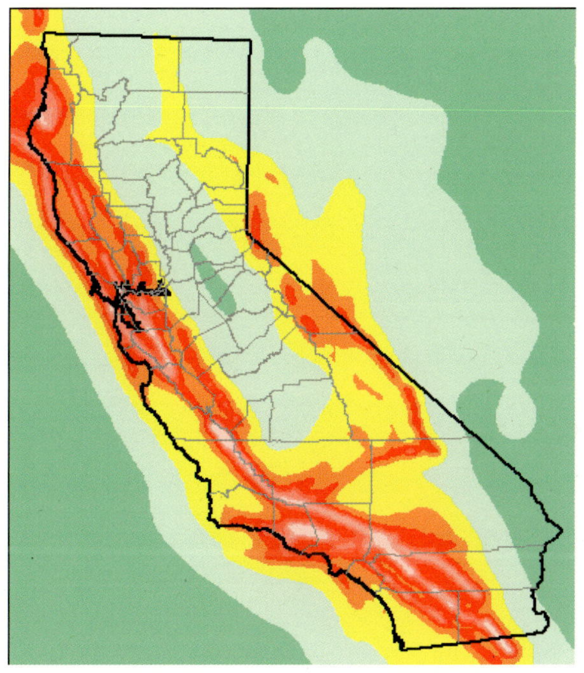

그림 59 캘리보니아 지진위험 지도
(http://www.seismic.ca.gov)

3. 산과 계곡

해안산맥 동부에 캘리포니아 센트럴 계곡(Central Valley)은 650km×150km 규모의 평지계곡이다. 계곡은 태평양의 대규모 확장이며 오랜 기간 동안 시에라네바다의 서부 사면은 침식물이 퇴적된 것이다. 현재는 대규모 농업을 할 수 있는 비옥한 토양의 평지가 되었다.

센트럴 계곡의 동부이며 시에라네바다의 서부로 가면서 고도가 높아진다. 대규모 암반이 융기하면서 산맥을 형성하여 시에라네바다에서 동부 면은 서부보다 급격히 융기한다. 시에라네바다산맥이 캘리포니아 북부와 중부로 이동하는 장애물이 되어(대륙 횡단철도 건설 시 중국 노동자의 폭발사고로 사상자 발생, Donner party 등) 왔다.

그림 60 시에라네바다산맥의 오웬 계곡 ⓒwiki

4. 기후

북서태평양으로부터 강수를 가져오는 기단이 발달한다. 캘리포니아 북부는 습윤하고, 남부는 건조하다. 특히 남부에서 여름은 겨울보다 건조하다. 여름에 장기적으로 건조하여 산불발생이 많다. 겨울에는 강수가 집중된다.

샌디에이고의 해안과 중앙계곡, 남부계곡 등에서 지중해성 기후가 나타난다.

반면에 북부캘리포니아의 기후는 북서 태평양지역처럼 온난하며 계절적 변화가 없고 연중강수가 풍부한 서안해양성 기후이다.

중앙계곡(Central Valley)은 해안지역보다 건조하다. 해안산맥을 지나는 기단이 산맥을 넘으며 습기를 잃어버리면서 중앙계곡의 연 강수량은 적다.

태평양연안에 위치한 San Luis Obispo는 52cm의 강수량을 보이지만 중앙계곡의 Bakersfield는 15cm의 강수량과 7월 기온이 섭씨 30도로 대조를 나타낸다. 해안산맥의 내부와 캘리포니아의 남동부에는 스텝과 사막이 분포한다. 남부와 동부에서 오는 건조공기의 영향으로 연 강수량 20cm 이하이다. 해안지역에서 여름에는 아주 건조하고 기온은 섭씨 40도에 이른다.

5. 식생

식생유형은 기후와 연관된다. 남캘리포니아의 저지와 시에라네바다, 캐스케이드산맥 동부는 새지(sage) 등의 관목이 대부분이며 사막에는 건조식생이 분포한다.

중앙계곡은 스텝초지를 나타내며 산타바바라(Santa Babara) 몬트레이베이(Monterey)는 혼합림, 참나무, 소나무가 나타난다.

몬트레이베이 북부로는 아메리카 삼나무(redwood)의 삼림이 있으며 고도가 높은 곳은 혼합림이나, 솔송나무(hemlock – fir) 세코이아 등이 많다.

6. 주민의 정착

미국과 캐나다에 유럽인들이 도착했을 때 인디언 원주민이 캘리포니아에 거주하며 사냥, 채취에 종사했다. 10 – 20명 가족단위로 원주민들이 분포했다.

스페인 정복자들은 1500년대 중반 캘리포니아의 일부분을 스페인의 북미 점령지로 선언했다. 18세기 말 전투와 질병으로 원주민이 죽고 스페인과 멕시코 정부는 이민자들에게 대규모의 토지소유(landholdings – ranchos)를 승인해 준다.

스페인인들은 캘리포니아에 관심이 없었으나 알래스카에서 해안을 따라 정착하려는 러시아인들을 막기 위한 중간지대(버퍼)로서 활용하려 했다.

1846년 캘리포니아를 미국인들이 점령하고 1848년 골드러시 후 1년 안에 40,000명이 샌프란시스코를 통해 이주하였고 육지를 통해서도 많이 이주하였다. 1850년 캘리포니아가 주(state)로 승격하고 황금러시는 수년간 계속되었다. 그 이후 캘리포니아는 미국의 다른 지역으로부터 고립을 타개하는 데 성공했다. 그중에서 샌프란시스코가 성장하여 1차 대전 즈음에 태평양연안에서 가장 큰 도시가 되었다.

남캘리포니아는 스페인의 점령 중심지여서 초기에는 인구가 늘어나지 않았다. 그러나 남부 태평양철도가 1881년 Los Angeles에 연결되면서, Topeka, Santa Fe 철도가 이어서 개통되었다. 수요를 만들기 위해 철도회사들은 요금을 내리고 새로운 정착자들에게 집과 직장 찾는 것을 도와주었다.

1887년 캔자스에서 로스앤젤레스까지 철도요금은 1달러이었다. 당시 로스앤젤레스 인구는 10,000에서 70,000으로 성장했다. 1888년 과도개발 계획으로 첫 땅 투기 거품이 터지면서 로스앤젤레스는 계속 성장되었다.

좋은 기후조건으로 결핵이나 천식을 앓는 사람에게 좋으므로 인구유입이 계속되었다. 남캘리포니아에 1881년 이후 30년 동안 여러 작물이 소개되었으며(navel orange 1873, lemon 1874, valencia orange 1880, avocado 1910) 동부에 과일을 공급하기 시작했다. 기술개발(dehydration)이나 냉동화물차로 동부시장까지 신선한 과일을 공급하고 1차 대전이 일어날 즈음 남캘리포니아 농업이 경제에서 중요한 자리를 잡을 수 있었다.

7. 농업

다양한 기후지역과 시장수요로(다민족 거주) 많은 종류의 농작물이 재배
되게 되었다. 캘리포니아는 가장 도시화된 주이면서 농가수입이 큰 곳이다.
2002년 농산물의 시장가격은 261억 달러(텍사스가 127억 달러 아이오와가
108억 달러)이다.

그림 61 오렌지농장

농작물 특화

남캘리포니아 특히 임페리얼 밸리는 야채 토마토, 레티스를 겨울에 공급할 수 있는 이점이 있다. 캘리포니아 농업의 특징은 작물의 전문화와 대규모 농업경영이다. 기자재, 장비사용에 의해 대규모농업(agricultural operations)이 샌호아킨 계곡(San Joaquin)과 중앙계곡(Central Valley)의 남부에서 이루어져 수천 에이커가 넘는 농장이 많다.

해안산맥의 계곡에는 안개가 많아 그 조건에서 레티스, 브로콜리 등이 잘 자란다. 와인생산에 적절한 포도는 일사가 많은 샌프란시스코 근처의 해안산맥 일대가 적당하다. 남가주의 샌호아킨 밸리(San Joaquin valley)의 포도는 여름에 고온으로 건포도나 식용포도로 이용되며, 네이벌 오렌지(Naval orange)는 로스앤젤레스 근교의 해안과 내륙에서 재배된다.

매년 800,000ha의 농경지가 도시지역이 된다. 특히 포도농장이 많은 나파 밸리도 점차 도시화되고 있다.

구릉지대에서는 목축이 행해지고, 평평한 계곡에서는 건조농법으로 면화, 야채, 슈거비트가 재배된다.

8. 수자원과 관개수로

농업은 관개에 의존해 평균적으로 100cm 정도의 인공강수를 받는다.
캘리포니아는 350만ha가 관개로 경작되며(텍사스는 캘리포니아의 1/2) 미국에서 사용되는 관개용수의 1/4 이상이다. 가장 많은 물을 농장에서 사용한다. 작물은 물의 유무, 토양, 지형, 경작 기간에 따라 결정되며 관개 가능 여부가 농업용지의 잠재력을 결정한다.

20세기 초부터 수자원을 이동시키기 위한 개발을 시작했다. LA는 시에라 네바다의 동부 300km 북부(Owens Valley)에서 물을 가져오기 시작했다. 지금도 Owens valley에서 LA 물 수요의 1/2을 공급하며 1928년 LA와 10개의 남가주 도시들은 Metropolitan water District을 형성했다. 1939년 Colorado 강 수로(aqueduct)가 완성되어 Parker dam에서 San Diego와 LA 분지의 해안도시까지 공급하기 시작하고 1억 8,000만 명(130개 도시)에 공급하고 있다. 앞으로 더 많은 인구(매년 20만 이상 증가하는)에게 물 공급이 필요할 것으로 예상된다.

그림 62 캘리포니아 관개수로

물 부족

현재의 시스템으로는 2020년경 물 부족 사태가 예상되어 현재는 비용이 비싸지만 해수 담수화가 대안으로 거론된다. 다른 대안은 콜로라도 강에서 공급하는 것이지만 물 수요 증가로 어려움을 겪을 것으로 전망된다. 인구증가보다 일인당 물 사용량이 증가하는데 이는 수영장과 제조업수요의 증가에 의한 것이다.

강수량의 70% 정도는 북부산지와 시에라네바다의 계곡에 내리며, 80% 이상의 강수는 농장과 남부의 건조도시에서 소비된다. 이는 남부와 중앙계곡의 남부지역은 강수량이 25㎝ 미만이기 때문이다.

1901년 콜로라도 강에서 Imperial valley로 물을 운반하기 위해 운하를 건설하고, 결과적으로 농경지가 증가했다. 1905년 콜로라도 강에 홍수가 발생하여 관개수로가 파괴되었다. 하천의 유로를 되돌리려 했으나 1906년 임페리얼 계곡(Imperial valley)에 홍수에 의한 호수가 형성(Salton Sea)되었다. Imperial valley의 물은 1930년대 연방정부가 건설한 콜로라도 강의 All‒America Canal에 의해 공급된다.

중앙계곡 프로젝트 Central Valley Project

현재 새크라멘토 강에서 Delta Mendota 운하에 의해 샌호아킨 계곡(San Joaquin valley)의 서부를 따라 이동하고 Mendota에 이르러서 샌호아킨 강(San Joaquin river)로 이어진다. 이 물은 샌호아킨 계곡(San Joaquin Valley)의 필요한 관개용수로 사용되며 샌호아킨 계곡(San Joaquin Valley)는 가주 농산물생산의 40%를 담당한다. 1957년 가주 수자원 계획(California Water Plan)으로 물에 관한 종합계획을 수립하고 있으며 물이 있는 곳에서 물이 필요한 곳으로 이동시키는데 북부에서 남부로 물을 수송한다.

9. 주요 도시

농업의 중요성에도 불구하고 캘리포니아에는 많은 인구가 도시에 거주한다. 90% 이상의 인구가 25메트로 통계지역 MSA(캘리포니아 내의)에 거주한다. 특히 1980-1990년 사이에 로스앤젤레스가 미국 제2도시로 부상했다. 가주에서는 Los Angeles, San Francisco 그 인접지역에 캘리포니아 인구의 대부분이 거주한다.

1880년대부터 남부해안을 따라 LA 분지에 몇 개의 도시가 형성되었다.

산타바바라에서 샌디에이고까지 300㎞는 긴 대도시권을 형성한다. 2000년 현재 인구가 1,920만이다. 이 지역은 1차 대전까지는 농업지대였으며 자동차의 이용에 의해 발달된 대도시 경관이다. 대중교통 서비스가 제한적이어서 직장과 가정이 대중교통의 노선을 따라 입지하지 않는다. 따라서 전국에서 인구당 자동차 수가 가장 많다.

최근에는 고속도로의 정체가 증가하고 있으며 자동차배기가스에 의한 스모그로 악명이 높다. LA 분지지역의 잦은 기온역전과 바다에서 내륙으로 부는 바람으로 스모그 발생이 악화되었다. 최근에는 자동차와 산업시설의 배

기가스에 대한 규제로 스모그는 완화되고 있다. 인구밀도는 로스앤젤레스
가 3,040/평방km이며 샌디에이고는 그 절반의 인구밀도이다.

10. 후기산업의 장소

　　지하자원과 기후조건이 Los Angeles 경제와 도시성장에 중요했다. 우선 할
리우드의 영화산업은 구름이 없고 겨울이 짧은 기후가 영화 setting에 적당
하여 TV movie 산업의 중심지로 발달하고 75,000명이 영화산업과 TV 산업에
고용되고 있다.

그림 63 남캘리포니아의 유전

좋은 기후는 레크리에이션 산업의 발달이 가능하여 낫츠베리 팜(Knotts Berry farm), 마린랜드, 디즈니랜드, 발보아파크에서 많은 관광객을 유치하고 있다.

남캘리포니아에는 주요 유전이 위치한다. 1965년 이후 해양유전개발(Long Beach)로 발달할 수 있었다. 캘리포니아는 해안성 온난한 기후와 주요 대학의 입지에 의한 풍부한 연구인력 등이 합쳐서 서비스, 전자, 정보 등의 후기 산업의 발달을 가져온다. 또한 샌디에이고의 해군기지를 비롯하여 NASA, 국방부 예산이 소비되는 장소로서 성장을 지속한다.

로스앤젤레스

로스앤젤레스는 많은 이민자가 주민을 구성하여 백인계는 소수에 속하고 가장 많은 멕시코계 인구(950만)와 두 번째로 중국계, 일본계와 한국계가 이어진다. 104개 언어를 말하는 아이들이 LA 교육구에서 공부하고 있다.

2010년에는 40% 인구가 Anglo, 40% Hispanic, 10% Asian, 10% 히스패닉이 아닌 흑인으로 구성될 것으로 예측한다. 리틀 도쿄(Little Tokyo)와 몬트레이 파크(Monterey Park)는 아시아계 인구가 50% 이상이다.

미국 무역량에서 로스앤젤레스와 태평양의 항구를 통과하는 무역액이 60%로 대서양의 뉴욕과 뉴저지 항구를 통과하는 무역액보다 많다.

로스앤젤레스는 city center(CBD)가 없는 도시이며 주변에 18개의 저밀도 핵(core)을 가진 도시로 뉴포트비치, 파사디나, 웨스트우드, 코스타 메사, 온타리오 등이며 각각 비즈니스 도소매업중심지의 경관을 가진다.

그림 64 로스앤젤레스 항구 ⓒwiki

샌프란시스코

역사 깊은 문명도시이며 캘리포니아의 가장 주요한 도시이다.

18세기 말 스페인인들이 군사중심지와 농업중심지로 발전시켜 러시아와 영국을 견제하려고 했다. 미국은 멕시코와의 1848년 전쟁 이후 Guadalupe Hidalgo 조약에 의해 Alta California 토지를 구입했고 그 이후 금광이 발견되어 1850년 이후 급성장했다.

새크라멘토 강에서 금광이 발견되고 그 소식이 퍼지면서 1848년 15,000명의 1857년 500,000명으로 증가했으며 뉴잉글랜드, 뉴욕 등에서 이주했다. 샌프란시스코는 1848년 1,000명의 도시에서 2년 안에 35,000명으로 증가했다. 서부에서 주요 은행 재정중심지이며 주요 기업의 서부 본부가 위치한다. 오클랜드(Oakland)는 대륙 횡단철도의 종착지점으로 제조업 중심지로 성장하고 2차 대전 후 캔자스에서의 유입인구로 증가했다.

골든게이트 다리가 1937년 완성된 후 지중해성 기후지역에서 재배된 포도에 의한 와인산업이 나파, 소노마 밸리 중심으로 이탈리아, 게르만 스위스 이민자들에 의해 발달하기 시작했다. 산호세(San Jose)에는 록히드사가 1950년대 설립되어 국방 관련 예산과 연구의 증가로 발전하고 있다.

산타클라라 밸리 지역의 실리콘 밸리는 반도체산업이 발달하면서 샌호세와 스탠포드 대학이 있는 Palo Alto 사이에 건설되었다. 이곳은 컴퓨터 관련 산업과 프린터, 회로, 반도체, 소프트웨어산업도 집중되어 있다.

그림 65 1906년 지진 후의 샌프란시스코 대화재

    샌프란시스코 인근은 지진위험이 높은 지역으로 건물의 고도제한으로
성장의 제약이 있었으나 건설기술의 발전으로 제약요인이 줄어들어 샌프
란시스코, 오클랜드, 산호세 지역에 703만 명의 인구(2000년)가 집중되어
있다.

VII.

대 평 원 지 대

　1540년 스페인 탐험가 코로나도(Francisco Vazquez de Coronado)는 금의 도시 시볼라(Cibola)를 찾아서 중남부 Kansas를 헤매고 있었다. 그는 캔자스의 풍요함에 놀랐다. 이곳이 스페인의 작물을 재배하기에 좋은 지역이라고 생각했다. 평지가 넓고, 하천과 지하수에 의한 물 공급이 좋다는 것도 알았다. 그러나 캔자스는 스페인의 식민지인 중부 멕시코에서 멀었다. 또한 스페인 사람들은 금이나 은이 없는 대평원지역에 관심이 없었다.

　수 세기 후에 미국인들은 미시시피 강 서부의 끝없이 넓고 평평한 초지를 발견하고 대평원에 대해 코로나도와 다른 이미지를 갖는다. 동부의 나무가 우거진 지역을 본 그들은 동부와 너무 다른 '사막'으로 칭한다.

　대평원은 주민들에 따라 부르는 이름이 다르다. 지역에 따라 텍사스인들은 Staked Plains라 하고 캔자스에서는 Gypsum Hill로, 네브래스카 사람들은 Sand Hills 또는 the Plate Valley로 칭한다.

　평원은 아주 평평하고 단조로운 환경이라는 의미이다. 차로 여행하는 사람들은 이 의미를 알 수 있다. 미국의 Ⅰ-40, Ⅰ-80 고속도로로 동에서 서부로 여행하면 Staked Plains나 Platte River Valley를 통과하게 된다.

그림 66 캔자스 주의 집섬힐

그림 67 플라트 강 유역

그림 68 네브래스카 주의 샌드힐스

사실상 대평원과 프레이리는 경관적으로 약간 다르다. 네브래스카의 Sand Hills나 사우스다코타의 Bad Lands 등은 지질적으로 외관에 있어서 다른 경관이다.

1. 주민의 구성

대평원과 프레리 주민의 민족적 구성은 어떠한가? 대부분 주민구성이 아주 다르다. 북부 대평원에는 스칸디나비아인들이 네브래스카에는 동유럽인들이 정착했고, 콜로라도에는 멕시코계 미국인이 정착했다. 캐나다 위니펙에는 여러 종족이 거주하며 아메리카 인디언들도 대평원의 사우스다코타와 오클라호마에 거주한다.

2. 자연환경

대평원의 고도는 동부에서 서부로 가면서 점차적으로 높아진다. 동부의 끝이 500m이며 서부의 끝은 덴버가 1,600m 정도이다. 이를 구체적으로 관찰하면 상당히 평평한 지역과 기복이 있는 지역으로 나뉜다.

High Plains은 남부 텍사스의 Edwards 고원과 네브래스카 남부 사이의 지역이다. 모래 퇴적물이 두껍게 지각을 덮고 있는 평평한 지역이며 서부 캔

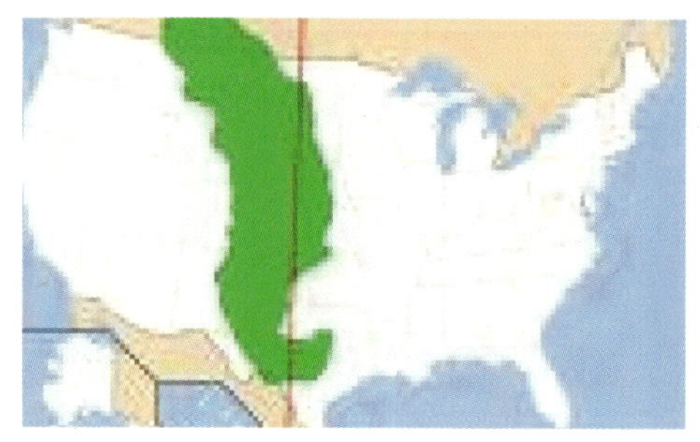

자스, 네브래스카, 몬태나, 동부 뉴멕시코의 반건조 지역이다. 강수량은 250-500㎜로 단초초원과 관목경관을 보인다. Ogallala-Aquifer에 의한 물 공급으로 경작이 가능하다.

그림 69 대평원의 범위
(캐나다에서 멕시코까지 서경 100도를 중심으로)

그림 70 콜로라도 주의 고원지대

Nebraska의 Scotts bluff나 텍사스의 Red River에 있는 Palo Duro 계곡은 침식으로 기복이 있는 편이다.

그림 71 네브래스카 주의 스코트브러프 ⓒwiki

그림 72 텍사스 주의 팔로듀로 협곡 ⓒwiki

사우스다코타와 와이오밍의 Black Hill은 지질적으로 로키산맥과 관련이 있으며 네브래스카의 Sand Hills는 초지로 덮여 있는 사구가 펼쳐진다.

3. 장초와 단초초원

식생은 다양한 자연 초지가 특징적이다. 장초 초지는 30㎝에서 3m이며 서부로 가면서 단초화되는데 서부의 끝에서는 건조스텝과 같은 단초가 나타난다.

프레리 초지는 길고 많은 뿌리를 가져서 토양 깊숙이까지 뻗는다. 유기물을 가져다주어 토질이 좋으나 쟁기질하기는 어렵다. 따라서 처음 정착자들은 20마리의 동물이 끄는 쟁기를 사용했다. 초기 정착자들이 집을 짓는 데 장초를 건조시켜 사용하기도 했다.

그림 73 장초초원

그림 74 단초초원

4. 강수 유형

대평원의 강수는 대륙의 내륙북부에서 오는 건조하고 서늘한 기단이 멕시코 만으로부터 온 습하고 더운 기단과 만나면서 형성된다.

멕시코 만의 열대해양성 기단은 북동으로 미시시피 계곡을 지나게 된다. 서부와 북부 대평원은 지나지 않는다. 따라서 강수는 서부와 북부에는 양이 적어 캔자스 남동부는 105㎝이나 남서부는 40㎝이다. 미국 남서부로부터 오는 기단은 습기가 적어서 건조하다.

캐나다의 대평원 강수량은 아주 다르다. 캐나다 초지는 강수량에 따라 북동/남서지역이 대별된다. 건조초지(남서부)는 목초지로 이용되고 남부초지는 혼합지(북동부는 park zone)로 명명되며 경작지로 활용된다.

대평원에서 평균 강수보다 강수가 많은 시기가 있다. 열대기단이 멕시코 만에서 북서방향으로 이동하면서 강수량이 증가하는 시기이다.

연 강수량은 평균의 80 − 120%에서 움직인다.

5. 주기적인 가뭄

1930년대 중반 같은 가뭄 때는 강수가 평균의 75%보다 작았다. 다행히 농부들이 필요로 하는 시기에(4월 − 8월) 강수의 75%가 내린다. 특징적인 것은 지금까지 거의 20년 주기로 가뭄이 발생하여 1890년대, 1910년대, 1930년대, 1950년대, 1970년대, 1990년대에 가뭄이 있었다.

대평원의 농부들에게는 가뭄 후에 경제적으로 어려운 시기가 있었다. 1차 대전 동안에 강수량이 많으면서 밀 가격이 올라서 농부들은 한계지역까지 재배를 확대했으나, 1920년대에 밀 가격이 하락하고 1930년대 공황과 심한 가뭄이 겹쳐 경제적으로 더욱 어려움을 겪었다.

6. 모래폭풍

다른 재앙은 모래폭풍(Dust Bowl)이었다. 연속 경작으로 토양을 결합시키는 능력(binding quality)이 파괴되고 3m 이상의 사구가 건조한 바람에 의해서 형성되었다. 결과적으로 토양 상부층이 유실되고, 남부대평원 농부들은 지역을 떠나 캘리포니아로 이동하기도 했다.

7. 토네이도

남부에서의 습윤 온난기단과 북부로부터의 건조 한랭 기단이 대평원을 지나면서 극단적인 일기를 보이는 토네이도를 발생시킨다.

대평원에서는 규칙적으로 극단적 일기가 일어난다. 봄과 여름의 강수는 아주 격렬한 폭우이다. 폭우는 강풍, 번개를 동반하며 가끔 5㎝ 반경의 우박이 농작물을 망가뜨린다. 남부 중서부 대평원과 네브래스카, 남동 와이오밍에서 자주 나타난다.

대평원의 늦은 봄과 여름에 부는 바람이 과거에는 풍차를 효율적으로 사용할 수 있었으나 바람이 증발산을 증가시켜서 남부에는 연 165㎝의 증발산량을 나타내며 북부는 연 75㎝의 증발산을 기록한다.

토네이도가 대평원 강우의 특징이며 기단의 충돌로 재해를 가져온다. 강풍 속도가 시간당 350km를 능가하기도 하여 토네이도가 지난 자국을 따라 피해를 준다. 중부평원에서 자주 토네이도가 일어나는 곳은 Tornado alley로 명명했다.

겨울에 부는 치누크(chinook)는 태평양 연안에서 로키산맥으로 기류가 상승하다가 대평원을 따라 내려오면서 건조하고 온난한 바람이 분다. 내려오는 대기는 더욱 온도가 올라가면서 대평원상에 겨울에 덮은 대륙성 찬 공기

와 만난다. 이 과정에서 온도가 갑자기 상승하게 되면, 덴버(Denver), 캘거리
(Calgary)에서 한겨울에 섭씨 10도가 넘는 기온을 보인다.

　　대체로 대평원의 겨울은 매우 춥고 여름에는 매우 덥다. 연평균 기온 교
차는 크며 북부로 갈수록 더 증가한다. 노스다코타와 텍사스는 여름에 섭씨
49도까지 오르기도 한다. 이는 북미 대륙의 사막이 아닌 지역에서 가장 높
은 기온이다. 겨울에 블리자드(Blizzard)는 로키산맥을 따라 찬 극기단이 남
쪽으로 하강하다가 태평양으로부터 내륙으로 오는 습기와 만나게 된다. 블
리자드는 센 바람과 찬 기온으로 많은 눈을 동반한다. 강설량은 북부는 연
100㎝이며 텍사스는 연 25㎝이다.

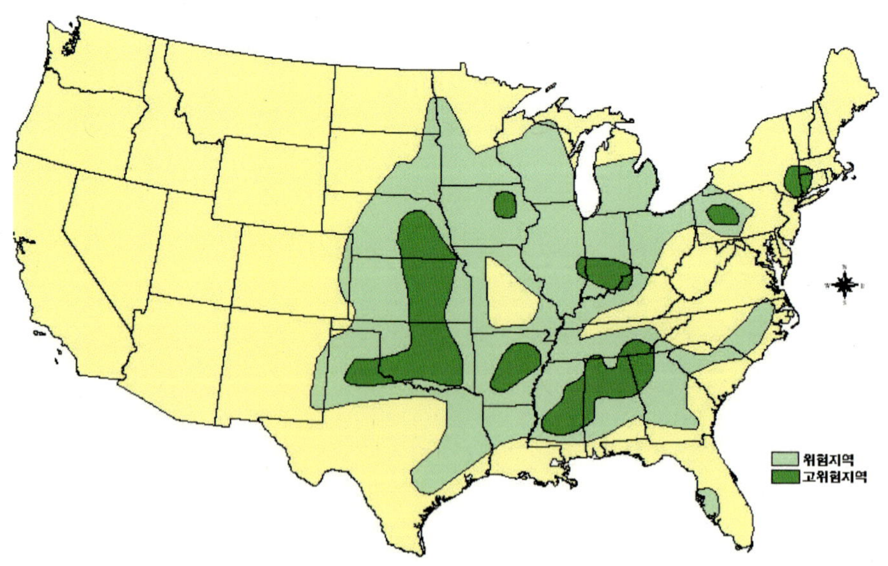

그림 75 미국의 토네이도 발생(J.C. Hudson, 2002)

블리자드가 수일 동안 계속되어 방목하는 가축들이 먹이를 찾을 수 없고 폐사되기도 했다. 1887 – 1888년에 80%의 가축이 죽는 사고가 있었다. 최근에는 고속도로가 눈으로 막히므로 건초를 공중에서 내려보내서 공급하기도 한다.

8. 초기 정착민들

유럽인 정착 이전에는 인디언들이 거주하면서 버펄로를 잡는 것이 주요 경제활동이었다. 그들은 주로 하천을 따라 정착했고 16세기 남부평원에서 스페인 탐험가들이 말을 남기고 가면서 인디언의 생활을 변화시키고 인디언들이 말로 이동하면서 버펄로 이동은 따라다닐 수 있게 되었다. 북부에는 다코타의 시우스(Sioux)족이나 아파치(Apache), 코만치(Comanche)족이 대평원에서 넓은 지역을 점령하게 되었다.

VIII.
북서 태평양 해안지역

1. 자연환경

험한 산지경관을 보이며 연평균 강수량은 190㎝로 미국의 다른 지역의 2배의 강수량이다. 식생은 올림픽 반도 등에서 특히 햄락(hemlock), 측백(red cedar) 등이 관찰된다.

북부태평양은 습기가 많은 대기가 형성되는 곳이며 탁월풍에 의해 남부나 동부로 기단이 이동한다. 겨울에 멕시코연안과 여름에 캘리포니아 해안에 위치하는 고기압은 해양성 기단이 남부로 이동하는 것을 막아서 북태평양 연안에 강수를 내리게 한다. 따라서 겨울 강수량이 여름보다 많다. 특히 오리건 주와 북부캘리포니아에 7－8월에는 10㎝, 12－2월에 100㎝ 강수량을 나타낸다. 그러나 북부 태평양연안지대에도 반건조 지역이 있다. 푸껫 사운드(Puget sound)는 연 강수량이 60㎝이며 오리건의 포틀랜드는 보스턴이나 뉴욕 정도의 강수량이 내린다. 시애틀의 겨울은 구름이 계속 덮이고 가랑비 형태의 강우가 계속된다(heavy mist).

지형성 강수

태평양에서 기단이 육지에 도착하여 동부로 이동하면서 해안선과 나란한 산지에 부딪히고 대기가 상승하면서 습기를 가진 대기는 포화되어 강수가 발생하여(orgraphic 강수) 바람의지사면에 현저하다. 반면에 동부사면을 따라서는 습기가 없어 강수가 발생하지 않는다. 내륙의 고원지역에는 30㎝ 미만의 강수량으로 관개나 건조 농법기술에 의해 경작한다. 브리티시컬럼비아와 알래스카의 인접한 지역의 북부 해안지역에 강수량이 가장 많다.

알래스카 남부로 면한 해안 지역은 연 강수량이 100－200㎝로 앵커리지 주민들은 축축한 기후보다는 맑고 찬 날씨를 선호한다.

해안지역은 온화한 기온으로 여름에 서늘하고 겨울에 온난하다. 습하지만 시애틀의 기온은 센 루이스보다 온난하고 알래스카는 워싱턴 D. C. 정도 춥다. 캘리포니아, 북부오리건과 남서 워싱턴에는 강풍이 분다. 계절적으로 시간당 125㎞의 겨울 강풍이 있으며 건조지역에서는 산불위험이 있다.

북서태평양 해안지역은 산지의 연속이며 매킨리는 6,200m로 북미 최고봉이다. 마운트 로건과 함께 6,000m로 남부해안으로 오면서 고도가 낮아진다.

오리건과 워싱턴에는 1,200m 정도의 산지들이 연속되며 워싱턴에는 하천에 의해 산지가 중단(컬럼비아 강과 chehalis 강에 의해)되기도 한다.

워싱턴의 해안산맥은 300m 정도의 고도이다.

북가주와 남부 오리건에서 클라마스 산지가 빙하작용과 하천침식에 의해 복잡한 지형을 보인다. 캐스케이드가 융기하면서 생긴 구조 곡이 오리건과 브리티시컬럼비아의 저지대이다.

2. 알래스카

베링은 캄차카 반도의 동부지역을 탐사했다. 알래스카와 러시아를 나누는 해협을 항해하고 그의 이름을 따서 베링해협으로 명명한다.

모피무역

러시아는 피터대제(1682-1725년) 재임 시에 북서 태평양연안에 관심이 있었다. 그 이후 캐서린 1세도 관심을 가졌는데 그들은 알래스카에서 모피채취가 주목적이었다. 모피업자들은 알래스카해안을 따라 남하하면서 1800년경 주요 하구에 주거지를 건설한다. 이어서 스페인과 영국도 모피무역에 관심을 가지게 되면서 스페인은 북태평양 연안의 영유권을 주장하기 시작했다. 이에 러시아상인들의 활동을 감시하는 해군탐험대를 파견했다. 영국인들은 제임스 쿡이 1776년 알류샨 열도를 탐험하고 캐나다내륙으로부터 모피무역을 해안지역으로 확대하기 시작했다.

미국의 알래스카 매입

러시아인들은 1812년 샌프란시스코 북부에 점유지를 세웠다. 컬럼비아강에 1811년 미국 영국계 모피업자들은 두 나라가 같이 개발하는 조약을 체결한다. 관심은 군사적 갈등으로 발전하지 않았다. 러시아인들은 알래스카에 1,000명이 거주했으나 유럽전쟁에서의 부채와 유럽 영토에 전념하기 위해 러시아는 철수를 결정한다. 미국인들은 알래스카의 영토(land)에 관심을 가지고 720만 달러에 구입한다. 자원에 대해서는 미국인들이 알지 못했으나 지정학적 입장에서 미국은 구입을 결정했다.

1915년 정부의 재정으로 개발을 시작했다. 먼저 앵커리지의 철도노선개설과 농경이 가능한지 조사했다. 마타누스카(Matanuska) 강 유역의 비옥한 토양과 온화한 기후지역을 발견하여 우유와 야채재배를 시작했다. 그러나 시애틀에서 수입하는 것보다 비용이 더 들었다.

원주민의 모피채취와 연어어획

1910년 이후 북서 태평양 해안지대가 주요 목재공급지가 되었다. 무엇보다도 대륙횡단철도의 개통으로 밴쿠버, 시애틀, 포틀랜드, 터코마의 산업발전이 촉진될 수 있었다. 종전에는 하천 수로에 의해 목재가 운반되었으나 물 흐름이 빨라 어려움이 많았다. 또한 벌채도 1952년 중장비트럭과 불도저를 도입하고 헬리콥터도 이용될 수 있었다. 이는 펄프와 종이 산업 발전에 기여했으며 인근도시는 목재공급에 의한 산업이 발전했다. 하지만 계속되는 벌채로 생태계 파괴가 극심하여지면서 1990년대부터 환경문제가 대두되기 시작했다.

어업은 연어, 튜나가 주된 어획고였으며 컬럼비아 강 하구에서 베링해협까지 연어, 튜나를 어획하였으나 최근에는 어획고가 쇠퇴하면서 연어가공업도 쇠퇴했다. 연어 어획 감소는 댐 건설 등으로 연어의 이동이 자유롭지 못하는 제약에 의한 것으로 1960년대에서 1990년대 중반까지 연어를 보호하기 위한 조치들을 취하고 있다.

3. 자연환경보전과 제조업

오리건과 워싱턴 주의 주민들은 자연환경에 대한 자부심이 그 어느 지역보다 크며 보전하려는 노력을 항상 기울인다. 북캘리포니아에서 남부 알래스카에 이르는 태평양연안의 북서 해안 지역은 넘치는 파도에 해안의 비치와 큰 전나무가 대표되는 수려한 자연경관을 자랑한다.

북서부해안지역의 특성은 미국과 캐나다의 인구밀집지역에서 상당한 거리가 떨어져 있다. 따라서 동부의 인구밀집지까지의 수송비 부담으로 제조업은 한계가 있다.

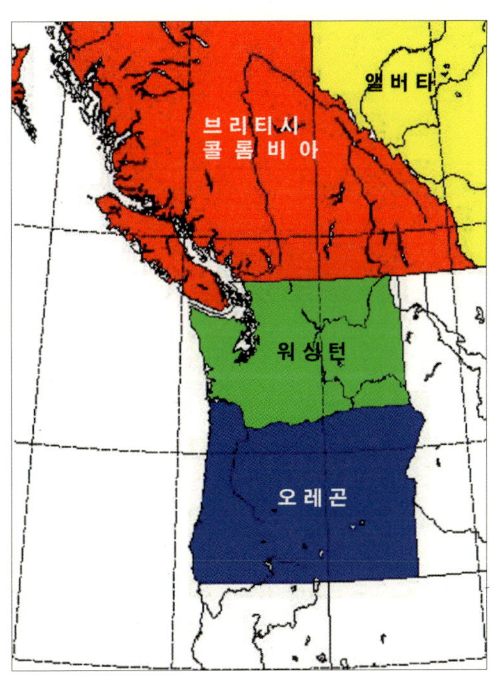

그림 76 북서태평양 해안지역

4. 주요 도시

밴쿠버

1886년 대륙횡단철도의 끝으로 항구인 밴쿠버가 개발되기 시작했다. 그 이후 30년간 태평양연안에 위치한 캐나다의 유일한 항구였다. 약간 건조하고 온화한 기후로 많은 관광객이 방문한다. 목재가공업 등의 발달로 캐나다 제3의 도시로 발전했으며 서부 캐나다의 자원을 담당하는 도시, 프레리의 보리 등 농산물을 교역하며 로키산맥의 석탄, 목재 등이 수출되거나 가공되는 도시이다.

시애틀

미국의 북서부 태평양 연안의 가장 큰 도시이다. 'Rain City', 'Jet City' 'Gateway to Alaska' 등의 별명이 있는데 이는 기후와 항공기 회사(보잉사)의 소재 등으로 불린 이름이다.

유럽인들이 정착하기 시작한 것은 19세기 중반이며 초기에는 목재산업의 붐을 일으키고, 이어서 골드러시에 의한 붐을 일으키며 도시가 확장될 수 있었다. 또한 마이크로소프트, 아마존 등의 회사가 위치하면서 인구유입은 계속되었으나 2001년 이후에는 보잉사의 본부가 시카고로 이전하고 닷컴기업들의 붐이 끝나면서 변화가 일어나고 있다.

그림 77 시애틀 항구(http://www.seatle.gov)

그림 78 웨스턴 레드 시다

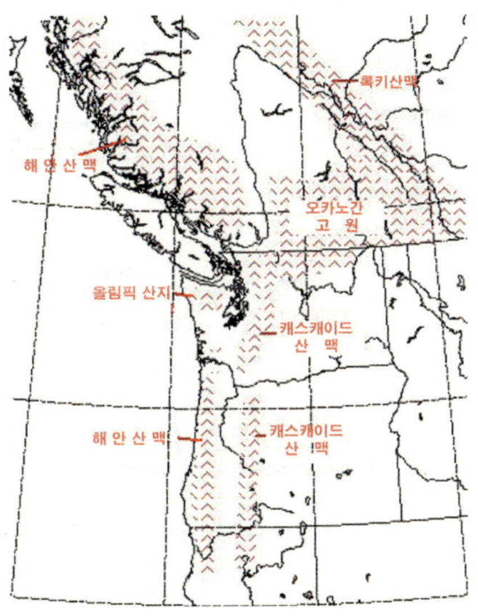

그림 79 북서부의 산지

그림 80 매킨리 북아메리카 최고봉

IX.
남 부 해 안 지 역

남부해안지역

멕시코와 국경을 접하고 있으며 깊은 문화적 유대를 가지며 라틴아메리카와의 무역 근거지이다.

습윤한 아열대기후는 겨울에 온난하고, 여름에는 덥다.

서리가 없는 시기가 길어 경작 기간이 길며 적어도 9개월, 10개월이 넘기도 한다. 특히 플로리다 주의 남부 대부분은 연중 서리가 없다. 강수는 4월에서 10월까지 연평균 125㎝이며 풍부한 일사량과 습도가 식생성장을 돕는다. 멕시코 만의 해류로 해양성 기후지역을 이룬다.

남부해안지대에서 동부는 레저 활동, 은퇴자의 중심지이며 서부는 자원개발지역이다. 카리브 해와 멕시코 만에 의해서 둘러싸인 지역이며 라틴아메리카의 영향권이다. 쿠바계의 인구 성장과 라틴아메리카와의 무역의 증대로 남부해안지대의 특성이 확실해졌다.

1. 농업

시트루스 과일, 쌀, 사탕수수가 주요한 특용작물이다.

시투루스 과일은 스페인인들이 16세기 시트루스를 소개한 이후 재배되고 플로리다, 남부 텍사스에서 중요하며 애리조나와 가주에서도 재배된다.

플로리다에서 상업적으로 시트루스를 재배하는 지역은 반도의 내부를 따라 북위 29도의 남부이다. 플로리다 시투루스는 탬파(Tampa)와 올랜도(Orlando) 사이에서 재배되며 서리가 없는 남부 쪽으로 치우치는 경향이 있다. 작물 중 오렌지와 그레이프프루트가 중요하다. 오렌지(florida orange)의 80% 이상이 가공되어(냉동) 식품가공업이 발달했다.

텍사스 남부에서는 관개에 의해 오렌지와 그레이프프루트가 재배되며 열매를 따기 위해 임시 이주노동자가 고용된다. 특용작물인 사탕수수는 열대작물이어서 익히는 데 1년 이상 소요되고 서리에 견디지 못하고 125cm 이상의 강수가 필요하다. 기온과 강수의 필요량 때문에 루이지애나(강수량으로)와 플로리다(관개)에서 재배 가능하다. 아열대의 환경에 관개가 가능한 경우 시트루스와 채소의 연간 생산량이 강수량 의존의 경우보다 10배 이상이다.

루이지애나와 텍사스는 관개에 의한 쌀 재배조건이 양호하다.

겨울에는 북동부 도시지역에 신선한 야채를 재배 공급하는데, 서부의 캘리포니아보다 가까우므로 입지적으로 유리하다.

토양

　지형적으로 고도가 낮은 평지이고 토양이 비옥하지만 루이지애나는 물이 잘 빠지지 않는 토양이다. 미시시피 델타로부터 북부와 중부 플로리다는 아주 사질인 토양이 분포한다. 이 지역의 습지에서 물을 배수하려는 시도가 있었는데 정치적, 실용적 이유에서 실패했다.

　에버글레이즈(Everglades)가 문제인데 넓고 파괴되기 쉬운 생태계로 천천히 흐르는 담수가 습지로 유입되어 건설에 비용부담이 크다. 몇 군데서 습지를 배수하여 지하수면이 하강하고 염수가 광범위하게 유입되거나 초지에 불이 나기도 하는 생태계에 변화가 있다.

그림 81 담수생태계의 에버글레이즈 ⓒwiki

그림 82 에버글레이즈 생태지역 위성사진 Everglades Eco – region
(http://wallpagers – diq.net)

2. 여가와 주민 구성

　　2차 대전 후 미국과 캐나다의 은퇴자들이 재정안정도가 증가하면서 아열
대기후의 남부해안으로 이주했다. 따라서 남부해안은 여가은퇴 소비자에

의해 주요 산업이 발전했다.

울만(E. Ullman)의 표현을 빌리자면 인간들은 쾌적한 장소에 거주하기 원한다. 경제적으로 허락되면 기후는 실내외 기후가 비슷한 지역을 선호하는데 남부캘리포니아와 남부해안지역이 이에 해당된다.

1950년에 12.4%가 60세 이상이었으나 2000년에는 22.2%로 추정된다.

은퇴자들은 온난한 겨울을 선호한다. 뉴올리언스의 경우도 독특한 문화와 아열대 기운의 바람을 쐬려는 방문객들이 많아 미시시피 리비에라로 부른다. 멕시코 만과 대서양 연안의 길게 발달한 팜비치, 마이애미비치에서 잭스빌 사이의 플로리다 대서양 연안의 도시들은 북동부로부터 겨울 휴가객을 유치한다.

최근에는 아열대 휴가지로 남북 캐롤라이나와 조지아 해안지대까지 확장된다(예시 아일랜드, 힐튼헤드, 찰스턴, 미르틸비치).

디즈니월드가 올랜도에 건설되어 수백만 관광객을 유치하여 중부 플로리다의 올랜도, 탬파, 샌피터스버그 등에 인구가 집중되었다(2000년 인구조사).

3. 자연재해

겨울에 이른 서리나 긴 서리 기간이 농작물에 피해를 줄 수 있다(플로리다의 시투루스 작물, 루이지애나에는 사탕수수).

남부해안지역의 파괴적인 재해인 허리케인은 대규모의 습한 저기압기단이며 기압 차가 클수록 속도가 빠르고 파괴적이다. 멕시코 만 연안 저지대

카리브 해와 남대서양의 연안지역이 허리케인에 위험지대로 노출되어 있다.

1989년 휴고가 왔을 때 Charleston 남부에 피해를 주고 1992년 앤드류에 의
한 남부 캐롤라이나 지역에, 2003년 Isabel에 의한 피해 등이 해안가에 밀집
된 개발지에 파괴력을 남겼다.

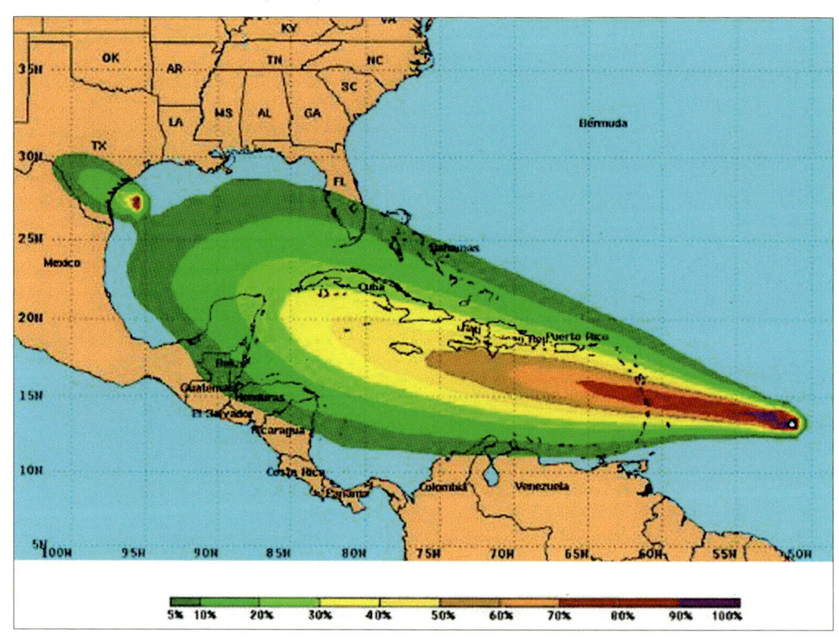

그림 83 열대성 스톰의 풍속(재해의 영향, J.C. Hudson, 2002)

4. 수자원

    남부해안지역에는 물수요가 공급을 초월하여 하천이 멀리 떨어져 있는 지역에 어려움이 있다. 최근에 케이프 커나블, 탬파, 올랜도 지역의 성장으로 강수량에 의한 수자원공급이 부족하다. 따라서 지하수 사용이 증가하고, 이에 따라 지하수면이 하강하며 지표가 함몰되는 경우도 있다.

5. 해안시설

    항해가 가능하지 않은 항구들은 강의 하구나 하구역에 시설을 건설했다.

    플로리다 펜사콜라, 앨라배마의 모빌, 텍사스 갤버스톤, 콜푸스 크리스티, 루이지애나 뉴올리언스(미시시피 강) 텍사스, 브라운스빌(리오그란데 강), 플로리다 잭슨빌(센존스 강) 등이다.

    휴스턴은 항구도시가 아니었으나 휴스턴 배 채널에 얕은 갤버스톤 베이를 건너서 건설하여 바다로 무역을 할 수 있게 했다.

6. 주요 도시

뉴올리언스

미시시피 강 수운에서 가장 주요한 중심이다. 북부로는 농업중심지와 제조업 중심지에도 수운으로 연결된다. 미시시피 강의 고도가 낮은 평지 델타에, 특히 대형하천의 메안더 안에 건설되어 항상 홍수의 위협이 있다.

19세기 이후 급격한 인구증가로 2차 대전 후까지 오하이오 강 남부에서 가장 큰 도시였으며 프랑스 식민지 유산이 있고 재즈와 딕시랜드 음악을 공연하는 특징이 있다. 18세기 건축양식과 유명한 음식으로 관광객을 유치하며 북미에서 가장 활발한 항구도시 중의 하나이다.

뉴올리언스는 석유와 가스 채취에 의한 막대한 자본으로 석유화학공업이 남부해안지역을 따라 발달했으며, 플라스틱, 페인트, 비료, 방충제 등 화학생산품 공장이 멕시코 만을 따라 입지한다.

마이애미

최근 수십 년간 마이애미는 여가, 관광산업으로 개발되었다. 쿠바계 미국인들이 남미와의 재정 무역연계로 경제적 문화적 기초를 넓히고 있다.

휴스턴

2차 대전 후 석유화학공업이 일어나면서 중요해졌으며 대공황과 제2차 세계대전 중에 성장했다. 2000년 현재 1,460만 인구로 뉴욕, 시카고, 로스앤젤레스에 이어 제4위 도시이다, 자원개발로 도시 확장이 일어났다. 휴스턴은 석유, 천연가스, 유황, 소금 등의 자본투자가 경제개발과 인구성장을 가져왔으나 유가가 하락하면, 투자가 감소될 수 있다는 부정적 요인이 있다.

7. 자원 개발

멕시코 만과 대서양 연안에서의 대륙붕 해안이 80km가 연장된 곳까지 이어지다가 깊은 바다로 연결된다. 리오그란데에서 미시시피하구에 석유와 가스가 매장되어 있다.

석유회사의 석유탐사가 멕시코 만의 대륙붕으로 확장되어 20세기 중반 이후 텍사스와 루이지애나는 주요 석유 생산지가 되었다.

계속적인 석유가스의 국내 소비증가와 불확실한 해외공급으로 1970년대 해저 탐사가 시작되었다.

그림 84 뉴올리언스의 수로 ⓒwiki

그림 85 휴스턴, 존슨우주센터 ⓒwiki

여가 비즈니스그룹, 환경단체와 어업단체들은 석유 탐사에 대해 반대해왔다. 플로리다는 석유 유출에 의한 관광산업, 상업적 어업의 피해와 오염의 확대에 의한 맹그로브의 파괴가 있었다.

멕시코 만의 천연가스는 파이프라인을 통해 제조업중심지에 공급하고 있다. 석유만큼 중요하지는 않지만 유황(sulfur)과 암염돔(salt domes)이 남서 루이지애나에 매장되어 있다.

8. 산업발전

동부도시로 가는 공산품은 해로와, 미시시피 수로를 이용하여 저렴하게 수송될 수 있다. 알루미늄생산을 위한 보크사이트의 정제는 많은 전력이 필요하다. 자메이카, 수리남, 기아나에서 보크사이트를 수입해서 해안지대에서 알루미늄으로 정제한다.

X.
동북부해안지역

1. 초기 정착사

대서양연안을 따라 나타나는 캐나다 주와 미국의 북부 뉴잉글랜드, 뉴욕의 Adirondack 지역이 소외된 북동부에 해당된다. 주요 교통로에 가깝지만 교통로가 직접 지나지 않는다는 것이다. 이 지역보다 남부에 있는 항구들이 미국 내륙으로 직접 연결되므로 항구가 발달하지 못하고, 캐나다 주민들이 서부로 이동하게 되면서 캐나다 중심지 지역에서도 소외되었다.

뉴잉글랜드의 남부는 메트로폴리탄 지역에 속했으나 북부는 비교적 개발되지 않았으며 경관은 캐나다의 대서양 연안 지역과 유사하다.

초기 정착 역사는 1605년 프랑스인들이 캐나다의 Port Royal에 도착하고 이어서 10년도 안 되어 뉴펀들랜드에 영국인들이 어촌을 형성했다.

17세기 중반 메인 주에 작은 항구와 정착지가 생겼다. 초기 정착자들은 어업과 삼림에 주로 관심이 있었다. 대서양 연안지역의 뱅크에서 어획량이 많다.

대구가 풍부하여 유럽에서 온 주민들은 염장대구를 수출하는 무역에 종사했고, 삼림자원이 풍부하여 영국인들은 목재를 활용했다. 그들은 메인 주에서 조선건조도 시작했다.

2. 지형

인구는 조밀하지 않고 자연경관이 수려하다. 뉴햄프셔의 화이트마운틴만이 험준한 지형이다. 멀지 않은 지역에 대도시들이 위치한다.

지형적으로 애팔래치아산지의 북동부로 이어지는 곳이다. 그러나 북부 애팔래치아의 구조는 남부 애팔래치아와 다르다. 뉴욕의 Adirondack 산지는 캐나다 순상지가 남부로 연장된 것이다. 대륙빙하에 의해 침식되어 각이 있는 산지라기보다는 둥근 산지이다.

북부 애팔래치아는 오랜 기간 침식되었다. 따라서 고도가 1,500m 이상은 없다. 빙하기(Pleistocene) 동안에 이동하던 빙하보다 고도가 높은 산지만 험하게 남았다. 빙하의 위에 섬처럼 남은 사면이 경사가 급하다. 계곡과 평지에 주거지가 생기고 경작도 이루어졌다. 인구분포는 고도가 낮을수록 높다. 대서양 연안의 산들은 고도가 700m 미만이다.

3. 기후

온도가 서늘하고 습하여 농경에 불리하며 내륙과 해안지역의 기후4가 상당한 차이를 보인다. 내륙을 고도가 급격히 높아지면서 해양의 영향을 차단한다. 해안을 따라 찬 래브라도해류가 흐른다.

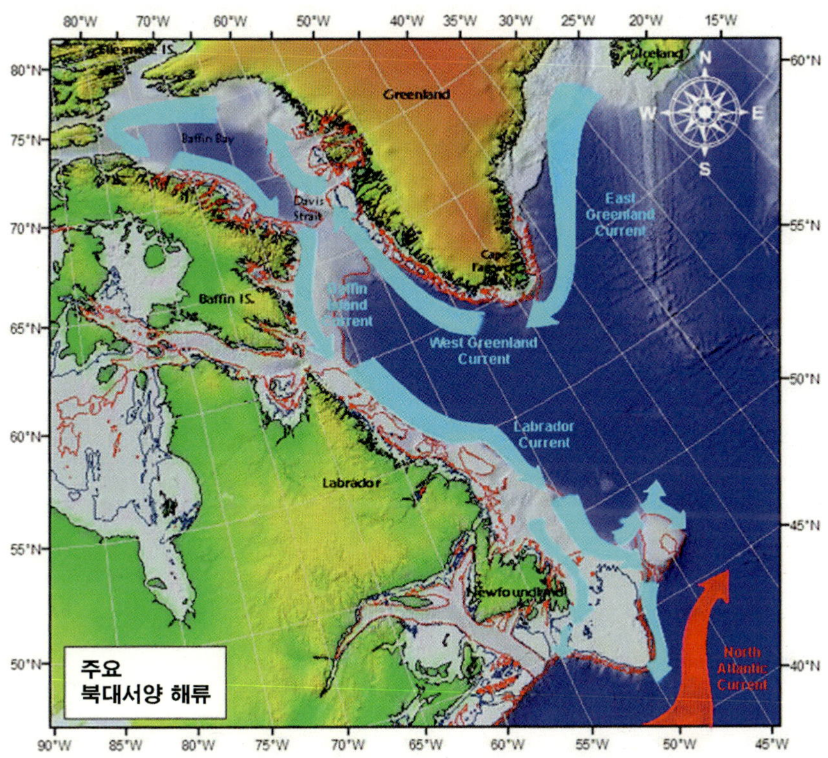

그림 86 한류와 난류의 흐름(http://www.shaderelief.com)

겨울에 해안 도시들은 내륙보다 3-6도 높다. 여름에는 해안보다 내륙이 약간 온도가 높다. 해안의 경작 기간이 내륙지역보다 70일 길다.

래브라도해류와 멕시코난류가 만나는 지역에 짙은 안개로 농경에 문제가 많다. 일사량이 풍부하지 않고 연 강수량은 100-150㎝이며 강설량은 25-50% 의 수분을 공급한다. 내륙지방은 강설이 겨울 3-5개월 동안 덮는다(250㎝).

인구가 집중되거나 일하기에 적절치 않다. 이는 기후, 지형, 얕은 토양으로 농경에 불리하며 제조업도 시장이 작으므로 어려움이 있다.

4. 농업

남북 전쟁 후 정착하는 주민에게 남부 퀘벡의 세인트로렌스 하곡과 남부 온타리오 지역이 농업용지로서 적절했다. 1829년에 완성된 웰랜드 운하의 건설로 나이아가라폭포를 우회하게 되어 남부 온타리오의 접근성이 개선되었다. 남부 뉴잉글랜드에서 제조업이 일어나면서 농업이 활기를 띠었다. 현재는 황폐한 토양, 추운 기후 등으로 농업 비중이 감소하고 있다.

5. 임업

북부 뉴잉글랜드의 삼림 제거 후 식림사업에 의한 삼림자원이 있으나 펄프생산이나 목재로서 질이 낮으며 경관도 원래의 삼림보다 못하다.

　뉴펀들랜드의 61%, 뉴브룬스위크의 85%, 노바스코샤의 74% 등이 삼림지
역으로 면적은 넓으나 기후가 서늘해서 대규모 목재회사들은 관심이 없다.
종이생산지는 뉴브룬스위크에 있다.

6. 어업

　캐나다는 주요 어업 생산국의 하나이며 대서양해안에서 수출된다. 노바
스코샤가 어업의 중심지이며 메인 주의 바닷가재 생산은 뉴잉글랜드 지역
의 70% 이상을 차지한다. 소규모인 연안어업으로 자본과 선박, 오염과 남획
의 문제가 있다. 심해어업은 대형선박과 많은 자본이 필요하다. 최근 대구어
업의 경쟁력 약화로 어민의 이주가 증가하고 있다.

　일본과 유럽 선박과의 경쟁으로 1991년 이후 대구(pollock, haddock)의 어획
이 감소하여 뉴펀들랜드 경제에 타격을 주고 있다.

그림 87 뉴펀드랜드(http://www.fishaq.gov)

7. 지하자원

　뉴펀들랜드 그랜드 뱅크 밖으로 하이버니아(Hibernia field)에서 석유, 천연가스의 매장량이 발견되었으며 해저석유 개발에 의한 오염문제로 어업이 위협 받고 있다.

　해저유전 개발권에 대해 캐나다 중앙정부와 뉴펀들랜드 주 정부 간에 비용부담과 수익배분에 대한 갈등이 있다. 원유 외에 애디론닥스(adirondacks)에서 소량의 철이 생산된다. 석탄매장량이 노바스코샤에 많으나 채굴이 쉽

지 않아 최근에 채굴량을 감소하고 있다. 화성암과 변성암지역이므로 버몬
과 메인의 해안지역에서 대리석재가 생산된다.

쿼벡 주와의 경계에 있는 래브라도(Labrador)에서의 철과 자원개발이 뉴펀
들랜드 주에 주요 세금원 중 하나이며 철광은 철도를 이용해서 쿼벡 주와
남부로 이동한다.

8. 인구와 도시

가장 큰 도시는 버몬 주의 버링턴(Burlington), 메인 주의 방고르(Bangor),
노바스코샤의 해리팩스(Halifax), 뉴펀들랜드의 세인트존스(St. John's), 뉴브
룬스위크(New Brunswick) 등이며 인구의 반은 도시에, 반은 농촌지역에 거주
한다.

XI.
하   와   이

태평양 한가운데 3,300㎞로 이어지는 8개의 섬으로 구성된다. Niihar, Kaui, Oahu, Molokai, Lanai, Maui, Hahoolawe, Hawaii 열도는 화산의 연장선이며 화산활동은 현재도 계속되어 용암이 흐르면서 섬의 면적이 확장되고 있다. 무인도는 군사적 목적으로 사용되고 있다.

200년 전까지 하와이는 고립되어 있었다. 정치적 목적과 전략적 가치가 증가하기 전까지는 항해나 포경에 종사하던 사람들의 일시 정착지로 이용되었다. 제임스 쿡의 발견 후 120년의 하와이 역사 변화에서 여러 왕국이 사라지고 1785~1795년 사이 선교사들의 영향력이 증대된 후 1843년 영국이 합병하게 된다. 미국 플랜테이션 소유자들이 늘어나면서 정치적 독립을 잃게 되고 미국에 합병된다.

아마도 본토에서의 거리가 멀고 아시아계 인구가 많다는 것 등으로 연방의회에서 주(state)로 인정되는데 시간이 많이 걸렸으며 1959년 알래스카에 이어서 50번째 주가 되었다.

정부가 토지의 1/2 이상을 소유하고 특히 연방정부가 많이 소유한다. Hawaiik와 Maui 섬의 국립공원, 군사기지 등을 연방정부가 소유하고 소수의 토지소유자가 대량의 토지를 소유하며 사망 후 토지들이 trust에 넘어가게 된다. 도시개발의 경우 대지를 많이 소유한 소유자가 나누어서 팔지 못해서 주택개발의 어려움이 집값 상승의 원인이 된다. 최근 토지개혁법안으로 변화를 모색 중이다.

1. 경제활동

사탕수수, 파인애플이 하와이 경제를 일으킨 주요 산업이다. 1860년대까지도 농업이 주산업이었으나 사탕수수에 의한 소득이 4%로 급감하고 인구의 1/30만이 농업에 종사한다. 아직도 사탕수수, 파이애플의 세계 주요 공급원으로 남아 있다.

Hawaii 섬은 목축과 사탕수수가 주요하고, Maui와 Kauai에서 사탕수수와 파인애플이 주요 작물이다.

2. 기후와 식생

습기를 가진 해풍이 계속 불고 온도는 섭씨 13−31도를 유지한다. 9월과 10월에 최고기온, 3월에 최저기온을 나타내는 것은 해수에 의한 온도지체현상 때문이다. 북위 20도의 열대위치로 기온의 계절적 변동이 없다. 5월에서 10월까지 건조하며 10월−4월까지 습윤한 강수의 계절적 변동이 있다. 하계

북동무역풍의 영향을 받으며 강수는 산지의 동부, 북부에 내리고, 지형에 따른 강수량의 지역적 차이가 있다.

호놀룰루는 50㎝, Pali는 300㎝로 강수량의 지역적 격차가 크다.

화산암에 의한 토양은 물의 투수력이 양호하다. 식생의 종이 다양하며 하와이에만 있는 고유 식생과 조류가 많다. 66종의 토종 조류가 보고되었다. 육지 포유류는 원래 없었으나 이주민들이 섬으로 유입시켰다. 인구가 증가하면서 고유종이 멸종하며 그 서식지가 파괴되어 많은 조류가 멸종하거나 멸종 위기종이 되고 있다. 인간이 유입시킨 육상포유류의 개, 쥐 돼지, 염소에 의해 조류 멸종이 가속화되고 정부에서 멸종 위기종에 대한 보호구역을 설정했다.

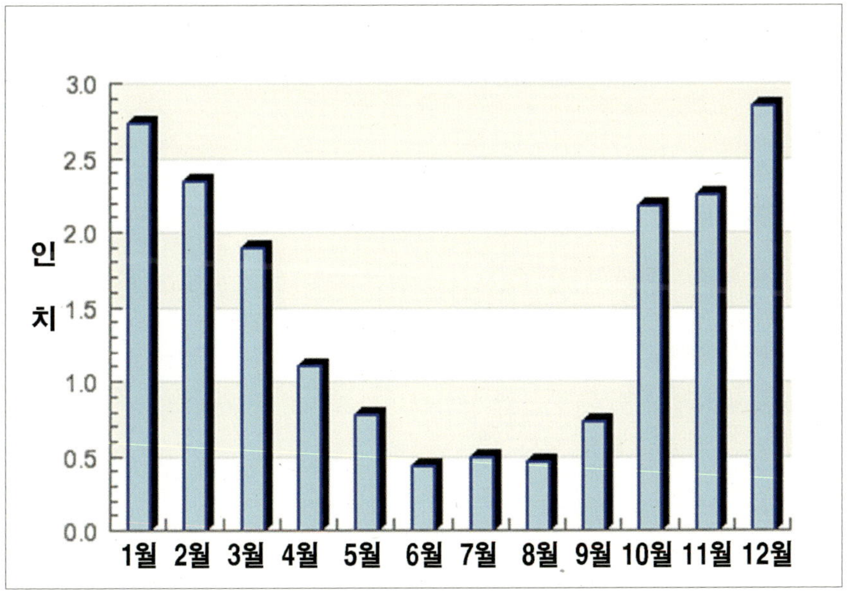

그림 88 월평균 강수량, 호놀룰루 하와이 (http://www.worldweather.org)

그림 89 하와이 고유종인 새(Omao, http://identify.whatbird.com)

3. 인구

폴리네시아인은 1,000년 전에 도착한 것으로 추정되며 아마도 4,000㎞ 떨어진 Marquesas에서 온 것으로 추정한다, 그 후 400-500년 후에 제2의 폴리네시아인 이주가 있었고 18세기 말 유럽인이 하와이 섬을 발견할 때 30만 명 정도의 인구로 보고되고 있다.

제임스쿡 선장은 1778년 하와이 섬에 온 첫 유럽인이며 그가 죽은 후 유럽과 북미지역에 그의 발견이 알려졌다.

북미와 아시아 사이에 무역을 위해 주요한 장소로 인식되기 시작하고 1820년대 포경업(whaling industry)이 북태평양으로 이동하면서 하와이 섬들이 주요한 재공급, 휴식 중심지가 되었다. 동시에 선교사가 뉴잉글랜드에서 도착한 후 폴리네시아인과 그 문화에 변화가 일어났다. 식품채취와 분배체계가 무너지므로 섬에 기아가 퍼지고 이주민에 의해 전염병이 도입된 후 많은 인구가 감소했다. 콜레라 등에 의해 인구가 반으로 감소하여 1804년 15만 명에서 1850년 7만 5천 명으로 감소하고 현재는 10,000명 미만의 폴리네시아인이 거주한다.

인구구성 – 유럽인과 아시아인

하와이 사탕수수 플랜테이션이 1837년 세워지고 그 이후 세계 사탕수수 수출국이 되어 많은 노동자가 필요하게 되었다. 원주민이 일부 노동력을 담당했지만 미국과 유럽의 플랜테이션 소유자들은 아시아에서 노동력을 구하기로 하고 1852년에 중국에서, 1868년에 일본에서, 1906년에 필리핀에서 노동자를 이주시키기 시작했다.

1930년까지 40만 명의 노동자가 이주하고 계약종료 후 섬에 대부분 남게 되었으며 따라서 하와이 인구의 종족구성이 변화하게 되었다. 1900년 폴리네시아인이 15%, 아시아인이 75%가 되었다. 일본인이 가장 많은 15만 명이고 1930년 이후 미국 본토에서 주민이 이주하여 백인계가 늘어났다. 현재 유럽계는 40% 인구를 구성한다.

여러 종족의 인구가 혼재하고 있으며 경제활동은 일본계와 중국계가 두

드러지고 중국계의 소득이 백인계보다 높으며 원주민계와 필리핀계가 저소
득층이다.

4. 관광경제

열대 환경을 가진 대표적 관광지이며 1951년까지는 방문객의 반 이상이
배를 이용하여 도착했다. 저렴한 항공료와 비행기의 규모가 증가하고 경제
부흥으로 방문객이 증가하기 시작하고 2003년 640만 명이 방문했다. 본토와
서부해안에서 많이 오고 25%는 아시아 특히 일본에서 겨울에 방문한다. 화
산이 폭발하고 있는 Hawaii 섬의 관광이 특이하다.

관광수입이 현재 하와이 주 수입의 22%를 차지하고 171,000명을 고용한다.

5. 전략적 위치

하와이 주 수입의 1/3은 연방정부의 국방예산에 의존한다. 태평양 함대
(Pacific Command)의 본부가 있어 전략적 위치가 중요시되며 주요 기지가 있
다. 25%의 토지를 사용하며 인구의 1/10 이상이 군인과 그 가족이다. 군사비
지출 감소 시에는 지역경제에 영향이 크다. 미래에 상대적으로 군사비 비중
이 감소할 전망이다.

6. 미래의 문제

   높은 실업률과 높은 물가가 경제를 위협하는 요인이다. 관광 경제개발에 따른 개발압력에 의해 많은 자연환경이 변화되어 이를 위한 노력을 계속하고 있다.

   미국의 어느 지역보다도 다양한 종족의 혼합이 있으며 대단히 아름다운 자연경관, 기후도 온난하여 환경의 질을 유지하면서 개발 성장하려는 노력을 하고 있다.

호놀룰루 Honolulu

   72%의 하와이 주 주민과 80%의 하와이 주 경제가 호놀룰루와 그 교외에 집중되어 있다. Hilo(하와이 섬)가 제2의 도시이다.

   Oahu의 북동해안으로 두 개의 고속도로를 연결하여 Kailau – Kaneohe의 도시지역으로 성장하고 있다. 문제는 물가가 미국 평균 보다 20% 정도 높다. 특히 주택비용이 비싸다. 40%의 주민만이 주택을 소유하고 인구밀도가 높아서 교통 혼잡이 발생한다.

그림 90 호놀룰루(http://www.tmonews.com)

참고문헌

Barman, J. The west beyond the West: A History of British Columbia, Toronto, University of Toronto Press, 1996

Birdsall, S.S. Eugene J. Palka, J. C. Malinowski, Margo L. Price, 2005

Boswell, T.D., ed. south Florida: The winds of Change. Washington, D.C.: Association of American Geographers, 1991

Department of Geography, University of Hawaii, Honolulu, University of Hawaii Press, 1973

Erickson, K.A., and A.W.Smith. Atlas of Colorado. Boulder: Colorado Associated University Press, 1985

Friesen, G. The Canadian Prairies: A History. Toronto: University of Toronto Press, 1984

Hamley, Will. "Problems and Challenges in Canada's Northwest Territories." Geography 78, 1993, 267-80

Hart, J.F. "The Middle West", Annals of the Association of AMerican Geographers 62, 1972: 258-82

Hudson, J.C. "Cultural Geography and the Upper Great Lakes Regin", Journal of Cultural Geography5, no.1. 19-32, 1984

Hudson, J.C. Across This Land, A Regional Geography of the United States and Canada, 2002, The Johns Hopkins University Press

Miller, Orlando. The Frontier in Alaska and the Matanuska Colony, New Haven: Yale University, Press, 1975

Nordyke, E.C. The Peopling of Hawaii, 2d, Honolulu, University of Hawaii press, 1989

P. L. Knox et al., The United States: A Contemporary Human Geography, 1988

Regional Landscapes of the United States and Canada, John Wiley & Sons, Inc

Robinson, J. Lewis. British Columbia Studies in Canadian Geography. Toronto, University of Toronto Press, 1972

Rubenstein, J. M. The Changing U.S. Auto Industry: A Geographical Analysis. London: Routledge, 1992

Rubin, Barbara. "A chronology of Architecture in Los Angeles", Annals of the Association of American Geographers 67, 521-37, 1977

Stager, J.C. and Harry Swain, Canada North: Journey to the High Arctic. Rutgers University Press, 1992

T. L. McKnight, Regional Geography of the United States and Canada, 1992

Vance, J. E., Jr. "The Oregon Trail and Union Pacific Railroad: A Cotrast in Purpose", Annals of the Association of American geographers 51, 357-79, 1961

Wallach, B. "Logging in Maine's Empty Quarter", Annals of the Association of American Geographers 70, 542-52, 1980

Wilbur Zelinsky, The Cultural Geography of the United States, 1992

Wonders, W. C., ed. The North. Studies in Canadian Geography. Toronto: University of Toronto Press, 1972

Wyckoff, William, Creatiing Colorado: The Making of a Western American Landscape. New Haven: Yale University Press, 1999

Young, B. and J.A. Dickinson. A Short History of Quebed: A Socio-Economic Peerspective. Toronto, 1988

이리 호 116, 128, 129, 130, 131, 145,
        153, 154, 155, 168
이중 문화주의 164
인구이동 16, 97
인디아나 111, 117, 119, 135, 148, 149,
        150
일리노이 63, 69, 70, 111, 117, 119,
        120, 128, 133, 142, 148, 149
임페리얼 밸리 183, 191

(ㅈ)

장방형 토지 164, 165, 168
장초초원 208
전원주택 88
접근성 77, 82, 83, 99, 101, 115, 116,
        118, 120, 122, 124, 128, 129, 130,
        133, 135, 153, 167, 244
접근성, 84, 92
정치제도 22
제랄프 68
젠트리피케이션 98, 105
조지아만 171
중앙계곡 56, 188, 191, 193
지형성 강수 218

(ㅊ)

체사피크만 78, 82
치누크(chinook) 211

(ㅋ)

캐나다 5, 11, 12, 13, 14, 15, 16, 17,
        18, 19, 22, 23, 29, 30, 31, 32, 33,
        34, 35, 39, 42, 43, 55, 56, 59, 60,
        61, 62, 63, 65, 66, 67, 69, 70, 72,

        76, 86, 91, 107, 111, 112, 113,
        115, 116, 127, 128, 131, 136, 141,
        149, 154, 155, 156, 157, 159, 160,
        161, 162, 163, 165, 166, 167, 168,
        169, 170, 171, 172, 173, 174, 175,
        176, 177, 178, 179, 180, 188, 206,
        209, 219, 221, 222, 230, 241, 242,
        245, 246
캐나다 민족주의 180
캐나디언 순상지 42, 71, 72, 113, 116
캐스케이드산맥 188
캔자스시티 142
캘거리 12, 212
캘리포니아 관개수로 192
켄터키 69, 135
코르딜레라 산지 60
코만치(Comanche)족 213
코퍼마인 72
콜로라도 스피링스 41
콜로라도고원 51
쾨펜 61
퀘벡 12, 15, 72, 122, 153, 154, 155,
        156, 157, 159, 160, 161, 162, 163,
        164, 165, 166, 167, 169, 170, 171,
        175, 176, 177, 180, 244, 247
클라매드 산지 55
키치너 175
킹스턴 160, 171, 177

(ㅌ)

탬파 228, 231, 233
테트포드 171
토네이도 211, 212
토론토 12, 19, 117, 119, 122, 130, 160,
        169, 171, 172, 174, 175, 177, 178
툰드라 63, 66

티투스빌　70

(ㅍ)

포츠모스　77
폭포선도시　79
프레이리　58, 62, 63, 69, 205
프로비던스　77, 102
피츠버그　48, 112, 120, 121, 123, 128,
　　129
필라델피아　75, 77, 79, 82, 84, 85, 90,
　　92, 93, 94, 102, 106, 119, 124, 126

(ㅎ)

해밀턴　12, 13, 117, 122, 128, 130, 160,
　　168, 173, 174, 175
해안산맥　42, 55, 56, 59, 183, 186, 187,
　　191, 218
허드슨 강　47, 78, 79, 82, 125
허리케인　231, 232
헐리우드　195
화강암 돔　49, 50
화이트마운틴　242
휴런 호　131, 159
휴스턴　233, 235, 236

황유정 ──

▌약력

　서울대학교 사회과학대학 지리학과 학사
　서울대학교 대학원 지리학과 석사
　University of Oregon 박사
　한국교통연구원 책임연구원
　인천광역시 도시계획위원
　현) 국토해양부 국립해양조사원 자문위원
　　　한국과학기술정보연구원 전문연구위원
　서울대학교, 청주대학교, 고려대학교, 이화여자대학교, 성신여자대학교 등에서
　지리정보론, 한국지리, 세계지리, 환경보존론 등을 강의

▌주요 논저

　『자연환경과 인간』, 자연지리연구회 공동집필(2000)
　『고등학교 인간사회와 환경』, 교육인적자원부 검정, 공동집필(2001)
　『고등학교 지리부도』, 교육인적자원부 검정, 공동집필(2001)
　「우리나라 해양경계 획정을 위한 GIS DB 구축 항목선정에 관한 연구」(2008)
　「수치지리정보의 지도제작 동향」(2004)
　「지도제작자동화에 관한 연구」(2003)
　「안성천 하구의 지형형성에 관한 연구」(1979)
　「Forest Land Disturbance and Geomorphological Effects in Korea」(1998)

미국과 캐나다

자연·산업과 도시들

초판인쇄 | 2010년 7월 9일
초판발행 | 2010년 7월 9일

지 은 이 | 황유정
펴 낸 이 | 채종준
펴 낸 곳 | 한국학술정보㈜
주   소 | 경기도 파주시 교하읍 문발리 파주출판문화정보산업단지 513-5
전   화 | 031) 908-3181(대표)
팩   스 | 031) 908-3189
홈페이지 | http://ebook.kstudy.com
E-mail | 출판사업부 publish@kstudy.com
등   록 | 제일산-115호(2000. 6. 19)

ISBN 978-89-268-1174-0 93450 (Paper Book)
      978-89-268-1175-7 98450 (e-Book)

이담 Books 는 한국학술정보(주)의 지식실용서 브랜드입니다.